基于半定量信息的复杂机电系统
健康状态评估与预测

张邦成　尹晓静　周志杰　著

科学出版社

北　京

内 容 简 介

复杂机电系统健康状态评估与预测具有重要的理论研究意义及工程应用价值。本书基于半定量信息(包含定性知识和部分定量信息),开展一类具有小样本特征的复杂机电系统健康状态评估与预测建模方法研究,提出基于置信规则库理论的复杂机电系统健康状态评估与预测系列方法,为复杂机电系统的健康管理及最优维护提供决策依据。

本书可供人工智能、复杂系统建模、系统辨识等专业的研究生参考,也可供从事复杂机电系统故障预测、健康评估等相关专业的工程技术人员阅读。

图书在版编目（CIP）数据

基于半定量信息的复杂机电系统健康状态评估与预测 / 张邦成,尹晓静,周志杰著. —北京：科学出版社,2023.11
ISBN 978-7-03-076995-4

Ⅰ.①基… Ⅱ.①张… ②尹… ③周… Ⅲ.①机电系统-系统评价 ②机电系统-预测 Ⅳ.①TM7

中国国家版本馆 CIP 数据核字（2023）第 213121 号

责任编辑：孙伯元 / 责任校对：崔向琳
责任印制：师艳茹 / 封面设计：陈 敬

科学出版社 出版
北京东黄城根北街 16 号
邮政编码：100717
http://www.sciencep.com
北京九州迅驰传媒文化有限公司印刷
科学出版社发行 各地新华书店经销
*
2023 年 11 月第 一 版 开本：720×1000 B5
2025 年 2 月第三次印刷 印张：6 1/2
字数：129 000
定价：98.00 元
（如有印装质量问题，我社负责调换）

前　　言

　　复杂机电系统是装备制造业的核心，是国民经济发展与国家安全的重要基石。随着现代化工业技术的发展，复杂机电系统的健康管理直接影响着系统的安全运行及维护成本，是研究的热点。健康状态评估及预测是复杂机电系统健康管理的重要内容，通过合理有效的健康评估及预测，可以在复杂机电系统发生故障及性能退化前采取相应的措施，消除系统的安全隐患。另外，对复杂机电系统进行有效的健康状态评估及预测，可以为系统的维护提供决策依据，实现用最少的备件库存满足设备最大的维护需求，从而降低系统备件库存费用和企业维护经济成本。

　　目前，健康状态评估及预测方法大多基于系统的监测数据，其准确性依赖有效数据的种类及样本量。虽然在复杂机电系统中，通过长期的可靠运行，可以获取多种类且大量的正常监测数据，但是高昂的试验成本、失效测试次数的有限性导致健康评估及预测的有效监测数据样本量少，种类匮乏。例如，武器装备系统、航空航天系统等安全性高的复杂机电系统，其价格昂贵，关键部件使用寿命有限，通常采用定期测试的方式。但是，定期测试的两次测试间隔时间较长，难以获得大量现场和试验数据，会造成可用数据的匮乏，这属于小样本健康评估及预测问题。然而，对这类系统进行健康状态评估及预测是非常必要的，健康状态评估及预测的准确性直接决定系统的维护时机，是保证系统正常、安全的重要手段。

　　本书对复杂机电系统健康状态评估及预测方法进行深入研究分析、总结，针对小样本复杂机电系统健康状态评估及预测问题，利用专家经验等定性知识补充样本量的缺乏，提出并建立基于半定量信息和置信规则库的复杂机电系统评估模型及双层置信规则库健康状态预测模型。为了充分考虑工程实际情况，本书提出并建立考虑特征量监测误差的复杂机电系统健康状态预测模型,建立基于时域特征分析与置信规则库的多工况健康状态预测模型。为便于阅读,本书提供部分彩图的电子版文件,读者可自行扫描前言下方二维码查阅。

　　本书的撰写工作得到吉林省智能制造技术工程研究中心、长春工业大学机电工程学院与汽车研究院、中国人民解放军火箭军工程大学多位老师的指导与帮助,在此对他们表示由衷的感谢!

　　本书的出版得到国家自然科学基金联合基金项目(U22A2045)、国家自然科学基金面上项目(61374138、61973046)、国家自然科学基金青年基金项目(61803044)的支持,特此感谢!

　　限于作者水平,书中不妥之处在所难免,恳请读者批评指正。

部分彩图二维码

目　　录

第1章 概　　述

1.1　复杂机电系统健康状态评估及预测的特点

随着科学的发展和技术的进步，机电系统正朝着大规模、复杂化的方向发展。复杂机电系统的概念源于中南大学钟掘院士等[1]的多篇论文。复杂机电系统一般指结构复杂，集机、电、液和控制于一体的大型动力装备，如航空发动机、轨道车辆、精密数控机床及各类成套设备等[2-5]。复杂机电系统是国民经济与国家安全的重要基石，由于复杂机电系统设计和制造周期长、耗资巨大、使用和维护费用高，世界各工业发达国家都非常重视复杂机电系统各关键技术的研究与开发。受复杂机电系统机械结构的复杂性和其他各种因素的影响，潜伏的故障往往不可避免，一旦发生事故，造成的人员和财产损失是不可估量的。例如，"切尔诺贝利"核电站事故、"挑战者"号航天飞机的失事等都造成巨大的人员伤亡和财产损失。提高复杂机电系统的可靠性、安全性，以及维修经济性对复杂机电系统的发展至关重要。随着维修策略的转变，复杂机电系统健康状态评估及预测作为实现系统健康管理与最优维护的基础，受到企业和学者的广泛关注[6-8]。

《国家中长期科学和技术发展规划纲要(2006—2020 年)》将重大产品、复杂工程系统和重大设施的可靠性、安全性和寿命预测技术列为重要研究内容。复杂机电系统的健康状态评估及预测研究是提高复杂系统安全性、可靠性的有效手段，是实现智能制造的基础，可以为实现《中国制造 2025》提供强有力的支撑。

复杂机电系统的健康状态是其故障、退化状态的综合反映。准确有效地对复杂机电系统进行健康状态评估及预测可以降低复杂机电系统停机时间、提高系统利用率、保证系统不间断工作[9,10]。复杂机电系统的缓变故障或者突变故障的发生可能造成不可估量的损失，如航空发动机、高速列车、导弹等装备，一旦发生故障，就会大概率地造成人员伤亡及复杂机电系统的毁坏。合理有效的健康状态评估及预测可以辅助在复杂机电系统发生故障及性能退化前，采取相应的措施消除系统的安全隐患，降低事故的发生概率。有效的健康状态评估及预测也可以为复杂机电系统的维护提供决策依据，降低企业的维护成本。

现有的复杂机电系统健康状态评估及预测具有以下特点。

(1) 由于复杂机电系统的复杂性，在对其进行健康状态评估及预测时，面临特征量数量多、相关性强，以及不确定性、噪声干扰等问题。

(2) 在获取复杂机电系统健康特征量的过程中，传感器自身属性(退化、硬故障、软故障等)及测量过程中的环境干扰会导致监测信息不可靠，极大地影响健康状态评估及预测的精度。

(3) 复杂机电系统测试次数的有限性和监测信息缺乏有效性导致健康状态评估及预测可用样本量少、种类匮乏。

1.2　复杂机电系统健康状态评估及预测方法分析

20 世纪末，美军在联合战斗机(joint strike fighter，JSF)计划中提出故障预测与健康管理(prognostics and health management，PHM)系统。PHM系统是实现 JSF 综合保障研究计划的关键技术之一，能够显著降低维修、使用、保障费用，提高飞机的安全性和可靠性，实现大型复杂系统保障的经济可承受性目标[11,12]。随着故障预测与健康管理技术的推广与应用，健康状态评估与预测作为健康管理的重要环节，得到各国学者的关注。下面从健康状态评估和健康状态预测两方面介绍现有理论方法的发展和现状。

目前，复杂机电系统健康状态评估方法(图 1-1)主要可分为三类，即基于模型驱动的方法、基于数据驱动的方法、基于知识的方法[13,14]。

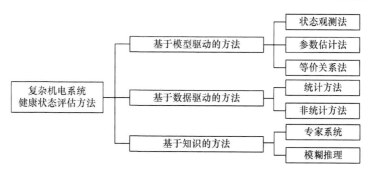

图 1-1　复杂机电系统健康状态评估方法分类

1. 基于模型驱动的方法

基于模型驱动的复杂机电系统健康状态评估方法又称解析冗余法。首先，需要已知系统的解析模型表达式，利用状态观测器、卡尔曼(Kalman)滤波器、参数估计辨识、等价空间状态方程等方法产生残差。根据残差的产生方式，细分为状态观测法、参数估计法、等价关系法等。然后，基于残差分析，进行系统当前健康状态的评估[14]。近年来，主要的方法有卡尔曼滤波及其扩展方法、强跟踪滤波器等。

1) 卡尔曼滤波及其扩展方法

卡尔曼滤波方法是一种经典的模型参数估计方法，由匈牙利数学家 Kalman 提出[15]。卡尔曼滤波方法是从随机过程的观测量中通过线性最小方差估计准则提取系统参数和状态估计值的一种滤波算法。在实际应用中，卡尔曼滤波方法在系统解析模型的基础上，结合采样数据对模型参数进行估计，实现系统健康状态的评估。随后，为了在非线性系统中得到更好的应用效果，对非线性模型做泰勒展开，进行线性化，即扩展卡尔曼滤波器(extended Kalman filter，EKF)[16,17]。近年来，许多学者又在这一经典方法的基础上进行改进，并取得较好的应用[18,19]。

文献[20]提出一种基于强跟踪扩展卡尔曼滤波器(strong tracking extended Kalman filter，STEKF)的感应电动机速度估计方法，可以实现速度传感器控制的优化。文献[21]提出一种基于无迹变换强跟踪滤波器(unscented transformation strong tracking filter，UTSTF)的发电机动态估计方法。该方法利用对称采样策略进行 Sigma 点采样，通过引入渐消因子修正预测协方差矩阵，在线调整增益矩阵，滤波得到动态过程中发电机状态变量的估计值。算例结果表明，UTSTF 无论在跟踪速度、精度，还是对噪声的鲁棒性能上较无迹卡尔曼滤波器和强跟踪滤波器均有所提高。鲁峰等[22]利用简约卡尔曼滤波器对航空发动机气路系统进行健康性能估计，并利用某型涡扇发动机气路部件进行仿真实验，验证所提方法的有效性。文献[23]利用 EKF 解决航空发动机健康监测系统信息融合问题，实现了航空发动机的健康状态评估及管理，并开发了可靠性监测与可靠性分析评估系统。Abdelrahem 等[24]利用 EKF 对变速风力涡轮机系统中的双馈感应电机进行健康状态评估，对电机的电气参数进行估计，描述双馈感应电机的非线性状态空间模型，提高评估精度。文献[25]提出一种利用自适应卡尔曼滤波器改进参数估计的方法。这种方法能够对系统中不可测量的参数通过滤波器跟踪突发变化。为了提高蓄电池利用率，保证其在全生命周期中的安全性和可扩展性，文献[26]使用双卡尔曼滤波器对其健康状态进行评估，并使用自回归模型对参数进行在线估计，在保证评估精度的同时，提高评估效率。文献[27]基于平方根容积卡尔曼滤波器(square root cubature Kalman filter，SCKF)，研究了一类非线性随机动态系统的故障检测与估计问题。该方法利用滑动时间窗口设计系统状态方程残差信号，可以有效地检测故障的发生，通过构造增广系统，实现对执行器健康状态的估计，并通过仿真实验分析验证方法的精度和稳定性。文献[28]利用标准 EKF 方法、最小均方差和概率密度截断的混合方法，提出一种涡喷发动机的带约束非线性滤波健康状态估计方法，解决涡喷发动机在不等式约束条件下的部件性能估计问题。通过仿真实验分析，验证健康状态估计方法的精度和速度。

2) 强跟踪滤波器

强跟踪滤波器的概念是周东华等[29]在 EKF 的基础上改进提出的。强跟踪滤波器具有较好的鲁棒性和敏感性，并且对突变状态具有较强的跟踪能力，相比传统的滤波器，该方法可以降低计算的复杂性。近年来，强跟踪滤波器在状态估计和参数估计方面应用广泛。

文献[30]通过将强跟踪滤波理论与多传感器数据融合技术相结合，提出基于强跟踪滤波器的多传感器状态与参数联合估计方法。该方法可以初步解决卡尔曼滤波器中模型的不确定性造成估计误差值偏大情况下的状态融合估计问题，使多源信息融合理论得到补充和发展。文献[31]提出一种利用改进的强跟踪无迹卡尔曼滤波器对不确定过程进行状态估计的方法，不仅避免了状态估计过程模型不确定性的发生，也提高了估计精度。文献[32]利用强跟踪滤波器对电池系统的电荷状态进行估计，通过实验及对比分析验证所提出方法的精度和鲁棒性。文献[33]利用强跟踪滤波器对火力发电机组状态和参数进行联合估计，获得了较高的估计精度。

2. 基于数据驱动的方法

基于数据驱动的复杂机电系统健康状态评估方法根据获取的复杂机电系统当前时间段内的监测数据，建立复杂机电系统的非线性健康状态评估模型，通过可用确定性的失效阈值，或者健康程度等级定义系统的健康状态，对设备当前的健康状态进行评估。与基于模型驱动及基于知识的方法相比，这类方法对于系统的解析表达式和先验知识没有严格的要求，而是从系统大量的历史数据和实时数据中得到系统变量间的关系。基于数据驱动的复杂机电系统健康状态评估方法在化工、冶金、车辆、旋转机械等多个领域都得到广泛应用。基于数据驱动的定量分析方法可以分为统计方法和非统计方法。最有效的基于统计的健康状态评估理论是基于多变量统计的动态数据监测诊断方法[14]，如主成分分析(principal component analysis，PCA)[34]、偏最小二乘法(partial least square，PLS)[35]、典型变量分析[36]、独立成分分析[37]、支持向量机(support vector machine，SVM)[38]、隐马尔可夫模型(hidden Markov model，HMM)[39]等。基于数据驱动的方法分类如图1-2所示。典型的基于非统计的定量分析法是神经网络[14]。

1) 隐马尔可夫模型和隐半马尔可夫模型

隐马尔可夫模型作为一种统计分析模型，创立于20世纪70年代，是马尔可夫随机过程的一种，用来描述系统的隐含行为。隐马尔可夫模型通过对大量实验数据进行统计分析得到参数的估计值，具有较好的效果，但是对数据量要求较高。隐半马尔可夫模型是在隐马尔可夫模型的基础上，将时间与模型融合，解决隐马尔可夫模型不能清楚描述状态持续时间的问题。

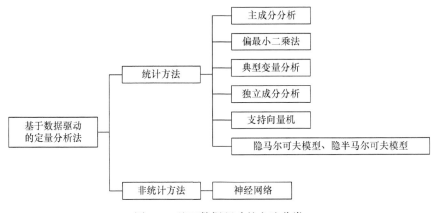

图 1-2　基于数据驱动的方法分类

Kong 等[40]利用隐半马尔可夫模型对铣削过程中刀具的磨损情况进行估计，提高刀具磨损估计的精度，减少识别刀具磨损的时间，使刀具磨损监测变得更符合实际。Giantomassi 等[41]对涡轮风扇发动机剩余使用寿命(remaining useful life，RUL)的估计问题进行了讨论，利用马尔可夫模型建立剩余寿命预测模型，使其能够适应处理大规模数据的特定应用场景。文献[42]针对目前舰船装备技术状态评估缺乏动态性，以及评估指标过多等问题，构建舰船装备技术状态多指标融合模型，结合技术状态评估指标融合模型和隐马尔可夫模型所具有的双随机性和严谨数学推理能力的特点，建立基于指标融合模型和隐马尔可夫模型的舰船装备状态动态评估模型，为舰船装备状态评估提供有效途径。文献[43]研究利用耦合隐马尔可夫模型对多通道监测数据进行性能退化评估建模和性能指标计算的方法，利用齿轮自然失效试验数据、滚动轴承加速疲劳试验数据和自然疲劳试验数据的分析验证耦合隐马尔可夫模型对完备和非完备数据进行性能退化评估的有效性。结果表明，所选的性能指标能够定量地反映轴承的性能退化程度。

2) 支持向量机

支持向量机是 Cortes 等[38]在 1995 年提出的，在解决小样本、非线性及高维模式识别中表现出许多特有的优势，并且能够推广应用到函数拟合等其他机器学习问题中。

文献[44]提出一种基于模糊逻辑与支持向量机的回归估计混合方法，通过对数据进行模糊化，计算其模糊隶属度，利用支持向量机进行估计，减小估计过程中异常值与噪声的干扰。文献[45]利用最小二乘支持向量机对航空发动机的健康参数进行退化估计，提出基于信息熵融合的特征提取方法，解决航空发动机多源信息冗余的健康参数估计问题，并进行仿真实验验证。结果表明，所提方法可以有效地减少输入参数的维数，简约特征样本，提高模型的健康估计能力。文献[46]利用动态主成分分析法和改进支持向量机对航空发动机进行智能故障诊断研究，利用有限的航空发动机模型精度和传感器测量参数，对发动机故障进行准确诊断，降低误报率，从而确保飞机的安全飞行，具有较好的应用价值与前景。

3) 神经网络

神经网络是一种模仿动物神经网络行为特征，进行分布式并行信息处理的数学模型。这种网络依靠系统的复杂程度，通过调整内部大量节点之间相互连接的关系，达到处理信息的目的，具有自学习和自适应的能力。神经网络是一种典型的黑箱模型，所需参数少、建模简单，广泛应用于模式识别及评估领域。神经网络模型机制如图 1-3 所示。

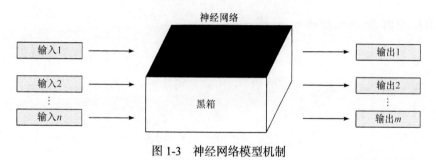

图 1-3 神经网络模型机制

文献[47]～[49]针对电动车辆电池的健康状态估计问题,提出基于数据驱动的评估方法。该方法利用电池管理系统数据,如涌流、电压、温度等,实现对电池健康状态的估计,并提高评估精度。文献[50]提出在主动冗余技术中构建一种基于反向传播(back propagation,BP)神经网络的状态评估模型,根据计算节点的历史和当前运行状态对系统进行评估,量化系统健康状况。该模型能够兼顾不同运行特征量之间的非线性关系,提高状态评估的准确率,减小误报率。文献[51]利用往复压缩机多源非线性冲击振动信号,在小波阈值降噪的基础上,利用 BP 神经网络进行训练和测试,为往复压缩机故障诊断和维修决策提供有效的手段和依据。文献[52]建立了评估部队装备保障能力的三层 BP 神经网络模型,通过对比分析,验证了该方法的有效性和正确性。文献[53]提出一种基于仿真的健康状态评估建模方法,通过组件或系统在各种健康状态条件下仿真生成样本数据,利用 BP 神经网络和支持向量机的非线性映射特性,以测量信息为基础构造两种健康状态评估模型。考虑单一模型缺陷,再将神经网络和支持向量机训练模型进行决策融合处理,提高健康状态评估的精度。Han 等[54]提出使用概率神经网络和支持向量机的方法对旋转电机的故障模式进行预测分析,使用随机识别的方法处理小样本数据集,相对于其他传统分类器具有较好的准确性和稳定性。Abid 等[55]利用一种模式识别方法对感应电动机进行实时健康监测,提出分层故障监测隔离方案,对单相感应电机的单次和多次故障进行研究,通过实验验证该方法的优越性能。Khoualdia 等[56]提出一种基于神经网络模型的齿轮轴承耦合监测诊断系统,通过对系统进行时间和频率分析,有效处理旋转机械监测和诊断方面的问题。

3. 基于知识的方法

基于知识的状态分析方法以领域专家的启发式经验或模型知识为核心,找到局部故障和系统异常状态之间因果关系的方法,如专家系统、模糊推理、定性趋势分析等。

文献[57]针对公路隧道机电系统的技术特性,通过考虑设备可靠性的影响因素，建立三层指标评估体系，应用决策综合评价算法对公路隧道机电系统进行评估。文献[58]基于已有的风险评估算法，在结合面向对象知识的基础上，设计研发了一套简洁、方便的基于知识的复杂系统风险评估专家系统。它比传统的专家人工分析具有更强的客观性与准确性。文献[59]充分考虑数控机床建模中的小样本问题，以信息熵理论辅助贝叶斯方法，通过组合赋权对数控机床进行综合评估，可以降低小样本评估过程中人为因素的影响，增加小样本评估的可信性。文献[60]、[61]提出使用改进模糊故障 Petri 网的建模及推理方法，更加直观、明确地描述系统故障状态及信息。

4. 健康状态预测方法

复杂机电系统健康状态预测是在复杂机电系统健康状态评估的基础上，综合考虑系统历史及当前健康状态，对系统未来健康状态进行预测。其主要方法分类与健康状态评估相同，可分为基于模型的方法、基于数据驱动的方法和基于知识的方法[13,62]。

基于模型的健康状态预测方法是在系统数学解析模型的基础上，对模型参数进行预测，可以实现较为精确的参数预测，是一种解析冗余的方法。文献[63]针对两参数威布尔的可靠性寿命分布模型，提出最小二乘法关于水平残差和垂直残差平方和最小两种方法对其进行参数估计，并初步探讨了分布函数取值不同对预测结果的影响，在已知失效数据的情况下，完成设备或部件的可靠性预测，为工厂的设备维修管理提供参考，可以避免维修中的维修不足或维修过度。文献[64]为了解决非线性系统中不可测量参数的预测问题，提出一种带有次优渐消因子的强跟踪平方根容积卡尔曼滤波器(strong tracking square-root cubature Kalman filter，STSCKF)和自回归(autoreg ressive，AR)模型相结合的故障预测方法，通过在预测误差方差的均方根中引入渐消因子调节滤波过程中的增益矩阵，克服故障参数变化函数未知情况下普通平方根容积卡尔曼滤波器方法跟踪故障参数缓慢，甚至失效的局限性，可以较好地预测故障参数的发展趋势。该方法的预测精度高于普通平方根容积卡尔曼滤波器方法和强跟踪无迹卡尔曼滤波器方法。为了进一步提高陀螺漂移预测精度，文献[65]针对数据突变和趋势较强的问题，提出一种基于小波和多重次优渐消因子强跟踪滤波相结合的非平稳时间序列在线预测方法，并将其应用于陀螺一次项漂移系数预测。该方法能有效改善数据突变和较强趋势项带来的状态估计不准造成的预测不准问题，提高预测精度。杜党波等[66]为了解决复杂系统存在缺失数据时的故障预测问题，提出一种基于小波-卡尔曼滤波在缺失数据下的故障预测算法，将数据缺失通过满足伯努利分布的随机变量描述，实现数据缺失情况下的小波-卡尔曼滤波状态估计，利用期望最大化算法对模型参数进行在线更新，提高模型对非平稳时间序列的预测能力。赵劲松等[67]提出一种基于加窗线性卡尔曼滤波模型的设备剩余使用寿命预测方法，通过对退化指标值进行拟合处理，消除退化指标值波动对剩余使用寿命预测值的影响。文献[68]针对集中式滤波算法存在的计算效率不高、容错性差等问题，引入融合滤波的思想，提出采用非线性融合的联邦式 EKF 进行发动机气路健康性能预测，通过某型涡扇发动机仿真实验，验证了融合 EKF 可以准确地预测发动机的健康状态，具有估计稳定、收敛时间短、计算时间短、效率高的特点。为了对民用航空发动机进行状态监测和飞行寿命预测，Sun 等[69]提出一种基于动态线性模型的性能状态监控与在翼寿命预测方法，利用动态线性模型描述性能参数偏差值序列，借助贝叶斯因子法监测参数序列的异常。林国语等[70]针对设备状态呈现的非线性变化，以及工程实际中实时性寿命预测的要求，提出一种基于无迹卡尔曼滤波器的状态空间模型非线性状态的剩余使用寿命预测方法。这种方法可以描述退化的演变过程，运用无迹卡尔曼滤波器方法估计模型的参数，准确地进行寿命预测。

基于数据驱动的复杂机电系统健康状态预测是在获取系统定量数据的基础上，建立系统定量数据与未来时刻健康状态的关系，实现系统健康状态的预测。胡昌华等[71]分析了基于数据驱动的复杂设备寿命预测和健康管理技术现状，在基于失效数据、退化数据和多源数据融合的分类框架下，对寿命预测技术进行了综述分析。Khelif 等[72]提出一种基于支持向量机的健康状态估计及剩余寿命预测方法，在建模过程中，不需要估计系统失效状态或失效阈值，通过获取传感器监测数据，直接建立预测模型，并通过涡轮风扇发动机实验验证所提方法的先进性。Saidi 等[73]针对风力机传动系统中高速轴轴承经常发生故障这一问题，提出一种基于振动信号的风机高速轴轴承故障预测与健康监测方法，使用来自谱峭度的时域指数作为滚动轴承故障的状态指示器，并与轴承退化健康状态评估中常用的时域特征进行比较研究。相比传统的时域振动特征，该方法可以成功地监测系统早期故障，具有较好的预测精度。文献[74]基于多变量支持向量机对航空发动机转子剩余寿命进行预测，利用航空发动机转子已服役时间、载荷谱、转速、振动信号特征，作为寿命预测模型的输入参数，并对模型进行训练更新，实现小样本条件下航空发动机转子剩余寿命的预测，取得了较好的效果。文献[75]针对在轴承剩余寿命预测研究中健康指标存在权重差异及难以确定故障阈值的问题，提出一种基于 RNN-HI(recurrent neural network based health indicator)的轴承剩余寿命预测方法，取得了较好的效果。文献[76]针对采用数据驱动模型预测剩余寿命时历史数据不足的问题，提出一种两阶段数据驱动的剩余寿命预测方法，基于无监督变量选择法寻找包含退化行为信息的变量，利用离散贝叶斯滤波器估计退化状态。钟诗胜等[77]提出一种动态集成极端学习机模型用于航空发动机健康状态预测，采用 AdaBoost.RT 集成学习算法对极端学习机进行集成，以燃油流量为指标进行航空发动机健康状态预测，取得了较好的预测精度。为了解决缺乏准确退化信息导致轴承寿命预测模型不准确这一问题，文献[78]提出一种两阶段策略方法，在数据驱动建模的背景下用轴承振动信号的多个统计偏差估计模型参数，然后基于 EKF 和期望最大化算法对模型参数进行更新，解决了轴承寿命预测模型建立困难的问题。文献[79]提出基于裂变式粒子群算法和隐半马尔可夫模型的故障预测模型，对动车组牵引系统退化状态进行剩余寿命预测，并通过实验分析验证所提模型的精度。Fort 等[80]从马尔可夫模型的经典方法出发，引入隐马尔可夫模型的扩展方法，可以克服以往估计系统可用性随时间变化的局限性。

基于知识的健康状态预测是根据专家知识或模糊规则建立系统未来健康状态评估决策规则,从而实现复杂机电系统的健康状态预测。为了解决传统评估方法仅通过计算发动机排气温度和燃油流量的变化进行评价时存在反映发动机特征信息不全面的问题,文献[81]提出运用信息熵理论和模糊数学理论,定量分析发动机各类故障原因对整体性能的影响,为发动机可靠性控制提供量化参考指标。文献[82]针对传统专家系统在处理故障诊断中存在的不足,提出将神经网络技术与专家系统融合的诊断模型,并用于数控机床的故障诊断中。为了及时了解飞机的运行状态,获得故障信息,文献[83]提出以基于案例推理的故障诊断专家系统,收集、总结和推广飞机维修专家的宝贵经验,采用分级检索与最近邻算法相结合的检索策略,提出基于案例相似度的案例学习方法,可以较好地模拟专家的故障诊断能力,满足对飞机故障诊断与预测的要求。Sun 等[84]根据民用飞机发动机有限的信息,提出一种基于涡轮叶片外场故障数据及快速存取记录器历史数据的涡轮叶片剩余寿命评估方法,从发动机快速访问记录器(quick access recorder,QAR)数据中提取涡轮叶片使用载荷谱,进而借助寿命损耗模型估算涡轮叶片的累积损伤量,进一步估计涡轮叶片的剩余寿命。文献[85]提出一种基于多种健康状态评估的剩余寿命预测框架,将整个轴承寿命分为几个健康状态,并分别建立局部回归模型,自动估计在无先验知识的情况下轴承的实时健康状态。Gang 等[86]针对电子设备的渐发性故障,提出一种基于改进灰色理论与专家系统的二阶组合故障预测方法,不但能满足复杂电子设备的单测点和多测点预测,而且能结合在线预测的需求,对原始的灰色模型进行改进,在专家系统推理部分采用规则快速匹配算法,提高诊断的快速性和准确性。为了提高故障预测和故障诊断的效率,文献[87]提出一种自适应粒子群优化的最小二乘支持向量机故障预测算法和模糊推理算法,以及专家知识库的方法。该方法不但可以提高健康状态监测的能力,而且可以提高对预警机雷达故障诊断效率。文献[88]利用多级模糊综合判定法建立航空发动机可靠性预测模型,通过多种因素指标,更加客观地预测航空发动机的可靠性。

1.3 复杂机电系统健康状态评估及预测存在的主要问题

由于复杂机电系统的复杂性、时变性、强耦合等特点，系统数据变量之间存在复杂耦合关系，因此按照传统系统工程还原理论，试图通过对组成系统基本单元状态变化的分析和叠加来掌握系统的整体健康状态变化是行不通的[14]，必须利用先进的理论方法，对复杂机电系统进行健康状态的评估及预测。目前，复杂机电系统健康状态评估及预测领域的方法在前面已经进行了论述，但是针对本书开展的小样本复杂机电系统健康状态评估及预测的研究仍存在以下局限性。

(1) 基于模型驱动的健康状态评估及预测方法是以系统的数学模型来描述系统健康状态变化，与系统的机制模型紧密结合，可以方便地实现系统的状态监控。对于具有大量、多种影响因素和变量的复杂机电系统，变量之间只有少数在设计阶段具有确定的解析表达式。在运行阶段，它们之间的影响关系是复杂的，在实际应用中很难建立复杂机电系统完整、准确的数学解析表达式。不仅如此，在进行健康状态评估及预测的过程中，许多基于模型驱动的方法(如卡尔曼滤波器)要求测量参数大于待估的健康参数，但是在许多复杂机电系统中，可用传感器的个数一般都比待估的健康参数少，这就降低了健康状态评估与预测的精度。

(2) 基于数据驱动的健康状态评估及预测方法是从系统大量的监测数据中分析估计系统的健康状态，可以有效避免基于模型驱动的方法难以获取系统准确数学解析模型的问题，以及基于知识的方法在分析推理过程中存在的先验知识的准确获取问题和动态知识的推理表达问题。但是，对于本书的研究，基于数据驱动的方法仍存在以下问题。首先，基于数据驱动的方法在本质上属于黑箱建模，"富数据、贫知识"使模型对系统的变化缺少机制解释，不能很好地对评估及预测结果进行解释分析。其次，复杂机电系统监测数据的高维数、强耦合和非线性等特点，以及监测过程中环境的影响和干扰，增加了数据的不确定性，系统健康状态评估及预测效果不佳。最后，在复杂机电系统实际监测过程中，获取的海量数据中的正常状态数据多，异常状态数据少，造成有效数据的缺乏，难以有效从大规模数据中辨识小模式。

(3) 基于知识的健康状态评估及预测方法是以专家知识为核心，发现局部故障与系统异常状态之间的因果关系，通过推理分析，实现系统健康状态评估及预测。基于知识的方法在复杂机电系统健康状态评估及预测中主要存在两个问题。第一，基于知识的方法依赖系统的先验知识，其评估、预测的有效性与知识的准确度和完整性密切相关，但是在实际应用中，难以获取完整、准确的知识。第二，为了实现知识的表达，建模过程往往采用系统的静态知识，难以有效利用系统的动态知识，无法反映系统的动态变化过程。

因此，围绕小样本复杂机电系统健康状态评估及预测，在"贫定量数据"的情况下，研究如何通过"加定性知识"弥补小样本数据的不足，以及如何利用复杂机电系统实际运行过程中的定量知识、不确定信息等，动态地反映复杂机电系统的健康状态是本书要解决的问题。本书的研究在置信规则库(belief rule base，BRB)理论框架下展开，利用半定量信息建立复杂机电系统健康状态评估及预测的非线性模型，实现复杂机电系统健康状态的动态评估及预测。

本书在对复杂机电系统健康状态评估及预测方法深入研究分析、总结的基础上，针对小样本复杂机电系统健康状态评估及预测问题，利用专家经验等定性知识补充样本量的缺乏，提出并建立基于半定量信息和 BRB 的复杂机电系统评估模型，以及双层 BRB 健康状态预测模型。为了充分考虑工程实际情况，准确地对实际工况下的复杂机电系统进行健康状态预测，进而提出并建立考虑特征量监测误差及工况变化的复杂机电系统健康状态预测模型。同时，提出并建立的复杂机电系统健康状态评估模型可以有效、充分地利用各种半定量信息，基于表征复杂机电系统健康状态的特征量，对复杂机电系统进行综合决策。基于双层 BRB 的复杂机电系统健康状态预测模型可以利用系统的当前及历史数据，动态地反映复杂机电系统的健康变化,有效对其健康状态进行预测。考虑特征量监测误差及工况变化的复杂机电系统健康状态预测模型满足复杂机电系统实际工况需求,提高健康状态预测模型的准确性,具有重要的工程实际应用价值。

另外,健康状态评估及预测不仅在复杂机电系统的研究中具有重要意义,在控制系统、网络安全、康复过程管理等领域同样具有重要的研究价值。不同领域的研究对象都可以看成是一个非线性系统健康状态的评估及预测问题。本书所提的研究方法同样适用于其他领域的小样本健康状态评估及预测问题,专家知识等定性知识的嵌入可以提高小样本评估及预测问题的准确性,增加模型的机制解释,有效综合地评估和预测系统的健康状态,具有十分重要的意义。

1.4 本书的结构安排

复杂机电系统健康状态评估及预测属于故障预测与健康管理体系的一部分内容。故障预测与健康管理体系包含系统数据采集与处理、故障诊断及预报、健康状态监测、健康管理、剩余寿命预测、最优维护等。本书主要研究复杂机电系统健康状态评估及预测方法,属于故障预测与健康管理体系的一部分,是系统进行健康管理、维护决策的基础和依据。

本书针对复杂机电系统的特点、现有健康状态评估及预测方法的局限性,利用系统半定量信息,开展基于 BRB 的复杂机电系统评估及预测研究。BRB 是目前复杂系统建模领域最前沿的技术之一,可以有效利用半定量信息,描述多种不确定性知识(包含模糊不确定性和概率不确定性),有效解决复杂机电系统健康状态评估及预测问题。本书在深入研究 BRB 理论体系的基础上,利用 BRB 进行复杂机电系统的健康状态评估及预测研究,并对 BRB 理论及应用进行丰富和扩展。

本书第 1 章为概述。第 2 章介绍 BRB 理论的基本概念及应用发展。第 3 章开展复杂机电系统健康状态评估研究,利用各种半定量信息和表征复杂机电系统健康状态特征量,基于 BRB 建立复杂机电系统健康状态评估模型，对复杂机电系统健康状态进行综合决策。第 4 章开展复杂机电系统健康状态预测研究，建立基于双层 BRB 的复杂机电系统健康状态预测模型，利用系统当前及历史数据，对系统健康状态进行动态预测。第 5 章分析传感器退化及环境扰动带来的特征量监测数据失真情况，通过满足复杂机电系统真实工作状态的需求，提高系统健康状态预测的准确性。第 6 章开展考虑工况变化的复杂机电系统健康状态预测研究，建立基于时域特征分析与 BRB 的多工况健康状态预测模型，实现在工况变化下复杂机电系统健康状态的准确预测。第 7 章对未来的研究方向及应用进行展望。

第2章 基于半定量信息的置信规则库模型

2.1 置信规则库的基本概念

人在评估及决策过程中具有不可替代的作用，因此，综合使用定量信息和专家提供的不完整或不精确的主观信息(即半定量信息)对评估及决策问题进行建模和分析是非常重要的。对于这类问题，传统基于完整历史数据的决策方法无法给出客观的决策结果。BRB 是一种可以有效利用带有各种不确定性的定量信息和主观知识，实现复杂问题决策的建模方法。

BRB 的概念及描述是 Yang 等[89]于 2006 年提出的。此后，Zhou 在原有 BRB 理论的基础上，丰富和发展了 BRB 理论内容，系统完整地提出 BRB 结构优化学习方法，深入探索了 BRB 参数和结构迭代学习方法，对 BRB 的基本理论研究做出了突出贡献[90-94]。BRB 是目前复杂系统建模领域最前沿的技术之一，可以有效使用半定量信息，描述多种不确定性的知识，可以有效地对结果进行解释，是一种灰箱模型。BRB 模型机制如图 2-1 所示。

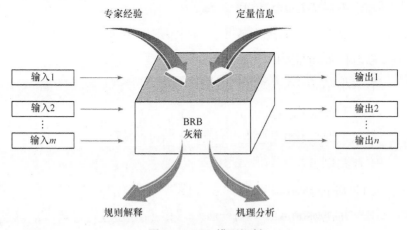

图 2-1　BRB 模型机制

一个基本的 BRB 由一系列简单的 IF-THEN 规则组成，即

$$R_k : \text{If } A_1^k \wedge A_2^k \wedge \cdots \wedge A_{M_k}^k, \text{Then } D_k \tag{2-1}$$

其中, $A_i^k \in A_i, (i = 1, 2, \cdots, M_k)$ 为第 k 条规则中第 i 个前提属性的参考值; M_k 为第 k 条规则中前提属性的个数; D_k 为第 k 条规则的结果。

如果在 IF-THEN 规则的结果部分加入置信度, 并且考虑前提属性权重和规则权重, 即可以得到置信规则。把一系列的置信规则集合到一起, 便构成 BRB。其中, BRB 的第 k 条置信规则的描述如式(2-2)[89], 即

$$R_k : \text{If } A_1^k \wedge A_2^k \wedge \cdots \wedge A_{M_k}^k, \text{Then}\{(D_1, \beta_{1,k}), \cdots, (D_N, \beta_{N,k})\}$$

$$\text{With a rule weight } \theta_k \text{ and attribute weight } \delta_{1,k}, \delta_{2,k}, \cdots, \delta_{M_k,k} \tag{2-2}$$

其中, $A_i^k (i = 1, 2, \cdots, M_k; k = 1, 2, \cdots, L)$ 为第 k 条规则中第 i 个前提属性的参考值; M_k 为第 k 条规则中前提属性的个数; L 为 BRB 规则的数目; $A_i^k \in A_i$, 且 $A_i = \{A_{i,j}; j = 1, 2, \cdots, J_m\}$ 为第 i 个前提属性的 J_i 个参考值组成的集合; $\beta_{j,k} (j = 1, 2, \cdots, N; k = 1, 2, \cdots, L)$ 为第 j 个评价结果 D_j 在第 k 条 BRB 中相对于 BRB 中 Then 部分的置信度, 当 $\sum_{j=1}^{N} \beta_{j,k} \neq 1$ 时, 称第 k 条规则是不完整的, 当 $\sum_{j=1}^{N} \beta_{j,k} = 1$ 时, 称第 k 条规则是完整的; $\theta_k (k = 1, 2, \cdots, L)$ 可以理解为通过第 k 条规则相对于 BRB 中其他规则的权重映射其重要度; $\delta_{i,k} (i = 1, 2, \cdots, M_k; k = 1, 2, \cdots, L)$ 可以描述第 i 个前提属性权重在第 k 条规则中相对于其他前提属性的规则权重。如果 BRB 中有 M 个前提属性, 那么可以得到 $\delta_i = \delta_{i,k}$, $\overline{\delta_i} = \dfrac{\delta_i}{\max\limits_{i=1,2,\cdots,M} \{\delta_i\}}$ 。

2.2 置信规则库的推理

在 BRB 的规则推理过程中, 为了得到最后的系统输出, 可以利用证据推理(evidential reasoning, ER)算法对置信规则进行组合推理。这就是基于证据推理算法的 BRB 推理方法(belief rule base inference methodology using the evidential reasoning approach, RIMER)[95,96]。整个推理过程主要包

含以下步骤[95]。

第一步，计算前提属性匹配度，即特征量匹配度。匹配度表明，前提属性匹配一条规则的程度。

在第 k 条规则中，前提属性匹配度为

$$a_i^k = \begin{cases} \dfrac{A_i^{l+1} - x_i}{A_i^{l+1} - A_i^l}, & k = l; A_i^l \leqslant x_i \leqslant A_i^{l+1} \\ 1 - a_i^k, & k = l+1 \\ 0, & k = 1, 2, \cdots, N; k \neq l, l+1 \end{cases} \tag{2-3}$$

其中，a_i^k 为第 k 条规则中第 i 个前提属性的匹配度；A_i^l 和 A_i^{l+1} 为邻近两条规则中的第 i 个前提属性参考值。

第二步，计算激活权重，即模型特征量输入对规则的激活权重。在 BRB 模型中，输入数据中的前提属性会激活 BRB 中的规则。匹配度不同，对不同规则的激活程度也不一样。

第 k 条规则的激活权重为

$$\omega_k = \frac{\theta_k \prod\limits_{i=1}^{N} (a_i^k)^{\overline{\delta_i}}}{\sum\limits_{l=1}^{L} \theta_l \prod\limits_{i=1}^{N} (a_i^l)^{\overline{\delta_i}}} \tag{2-4}$$

其中，ω_k 为第 k 条规则的激活权重；θ_k 为第 k 条规则的规则权重；$\overline{\delta_i}$ 为属性权重；a_k^i 为属性输入相对于第 k 条规则中第 i 个属性的匹配度。

第三步，利用 ER 算法的规则推理。

在 BRB 模型的决策过程中，利用 ER 算法进行规则推理。由证据推理解析算法对 BRB 中所有的规则进行组合，BRB 的最终输出为

$$S(x) = \{(D_j, \hat{\beta}_j), j = 1, 2, \cdots, N\} \tag{2-5}$$

其中，$\hat{\beta}_j$ 为相对于评价结果 D_j 的置信度，即

$$\hat{\beta}_j = \frac{\mu \left[\prod\limits_{k=1}^{L} \left(\omega_k \beta_{j,k} + 1 - \omega_k \sum\limits_{i=1}^{N} \beta_{i,k} \right) - \prod\limits_{k=1}^{L} \left(1 - \omega_k \sum\limits_{i=1}^{N} \beta_{i,k} \right) \right]}{1 - \mu \left[\prod\limits_{k=1}^{L} (1 - \omega_k) \right]} \tag{2-6}$$

$$\mu = \left[\sum_{j=1}^{N} \prod_{k=1}^{L} \left(\omega_k \beta_{j,k} + 1 - \omega_k \sum_{i=1}^{N} \beta_{i,k} \right) - (M-1) \prod_{k=1}^{L} \left(1 - \omega_k \sum_{i=1}^{N} \beta_{i,k} \right) \right]^{-1} \quad (2\text{-}7)$$

其中，ω_k 通过式(2-4)计算；$\hat{\beta}_j$ 为规则权重 θ_k、属性权重 $\overline{\delta_i}$、置信度 $\beta_{j,k}$ 的函数；N 为评价结果的个数。

假设评价结果的效用为 $\mu(D_j)$，那么 $S(X)$ 的期望效用为

$$\mu(S(X)) = \sum_{j=1}^{N} \mu(D_j)\beta_j \quad (2\text{-}8)$$

其中，β_j 为输出相对于 D_j 的置信度。

因此，基于 BRB 的健康状态评估模型输出为

$$\hat{y} = \mu(S(X)) \quad (2\text{-}9)$$

2.3　置信规则库的应用与发展

近年来，许多学者致力于 BRB 理论的探索与扩展，使其在很多领域得到广泛应用，如金融决策、故障诊断与预测、安全评估、医疗决策等。在非线性复杂系统建模方面，BRB 是一种优秀的建模方法，其相关建模问题得到了深入研究。

在 BRB 结构参数优化方面，文献[97]、[98]在分隔假设下，针对非线性系统的建模问题，对 BRB 的结构和参数进行联合优化，提高 BRB 非线性建模的能力和精度。文献[99]利用 ER 规则融合提出幂集框架下 BRB 的知识表达及推理的新方法，更加有效地表达确定、不确定、区间、部分和不完全判断知识。文献[100]、[101]分别利用粗糙集和数据包络分析对 BRB 规则进行约减，优化 BRB 结构，降低 BRB 推理过程的复杂程度。

在复杂系统评估决策方面，BRB 理论应用广泛。文献[102]基于 BRB 建立复杂系统的安全评估模型，利用条件广义方差法进行特征量的提取，并利用模糊 C 均值聚类法对前提属性参考值进行确定，最后利用工程实际验证安全评估模型的有效性。文献[103]基于 BRB 专家系统在临床上对支

气管肺炎进行程度评估,并验证模型的准确性。文献[104]利用 BRB 对中小企业的环境可靠性进行评估,帮助企业专注于改进更加可持续发展的业务。文献[105]提出一种新的 G-BRB 模型,可以提高处理专家不同种类知识的能力。

在预测领域,BRB 取得了较好的预测效果。文献[106]基于 BRB 专家系统,利用不确定性信息对电池使用效率进行预测,效果显著。文献[107]将云模型与 BRB 相结合,提出 CBRB 模型,并应用到网络安全预测中,取得了较好的效果。Zhou 等[90-94]在 BRB 复杂系统预测领域研究深入,取得了一系列的研究成果。他们主要研究了复杂系统行为预测、在线监测、考虑状态切换的隐含行为预测等问题,具有很高的参考价值。

在复杂机电系统中,健康状态可以由健康特征量表征。每一个特征量都可以作为 BRB 的一个输入,即 BRB 的前提属性。通过一系列的特征量形成置信规则,推理可以得出系统的健康状态。在这一过程中,特征量的重要性、参考值等都可以通过专家的定性知识确定作为模型的参数。所以,在复杂机电系统健康状态评估研究中,引入 BRB 理论是行之有效的。本书在对 BRB 理论体系深入研究的基础上,针对复杂机电系统的特点,利用 BRB 进行复杂机电系统的健康状态评估及预测研究,并对 BRB 理论及其应用进行丰富和扩展。

2.4　本　章　小　结

本章介绍 BRB 理论的基本概念、推理过程,以及其应用与发展,对后续基于 BRB 的复杂机电系统健康状态评估及预测建模的理论基础进行详细描述。

第3章 基于置信规则库的复杂机电系统健康状态评估

3.1 引　　言

复杂机电系统健康状态评估是综合考虑系统健康特征量变化，对系统健康状态进行评估的过程。在此过程中，如何利用系统健康特征量建立合理有效的评估模型是研究的重点。

本书主要研究一类具有小样本特征的复杂机电系统。在这类系统中，正常监测数据量大，但是测试次数的有限性和获得的测试信息缺乏有效性，导致故障样本量少、种类匮乏。以航空发动机为例，在航空发动机的正常飞行过程中，监测数据都是正常的飞行数据，很难获得具有针对性失效状态的有效故障数据。同时，航空发动机研发制造成本高昂，不具备"随心所欲"实验的要求。另外，航空发动机的实验成本高，一次试车实验就要花费十几万，甚至更多，因此经济成本大、实验次数有限导致有效实验数据缺乏，造成航空发动机存在小样本问题，给系统的健康状态评估及预测带来困难。

近年来，复杂机电系统健康状态评估主要包括基于模型的方法、基于数据驱动的方法、基于知识的方法。基于模型的方法依赖复杂机电系统精确的数学解析模型，但是大多数复杂机电系统难以建立精确、完整的系统数学解析模型。基于数据驱动的方法可以依靠监测数据和故障数据进行复杂机电系统的健康状态评估，如神经网络、支持向量机、灰色理论等，但是这些方法要求大量的数据来保证健康状态评估的准确性。上述两类方法在复杂机电系统健康状态评估的过程中可以充分利用系统的定量知识，但是缺乏对定性知识的利用。基于数据驱动的方法在本质上是一种"黑箱"模型，缺少对评估机制的解释。简单的基于知识的方法，如专家系统，可以充分有效地利用系统的定性知识，但是却忽视了定量知识的作用。BRB是一种优秀的基于半定量信息的建模方法，可以有效利用各种不确定信息及定量知识对复杂非线性系统进行建模[108]。针对本书研究的小样本复杂机电系统健康状态评估及预测问题，BRB 可以弥补有效数据的不足，通过加入定性知识实现建模的完整。

本章将 BRB 这种先进的非线性建模方法应用到复杂机电系统健康状态评估中，在建模过程中利用定性知识，可以解决样本量小的问题。在此过程中，由于专家知识的主观性，利用优化算法对 BRB 模型进行参数优化，可以提高健康状态评估的精度。最后，以某型航空发动机关键部件为例，建立 BRB 健康状态评估模型，并进行仿真和对比分析。

3.2　基于置信规则库的复杂机电系统健康状态评估模型

我们可建立复杂机电系统健康状态与特征量之间的非线性关系，即

$$H = f(x_{1t}, x_{2t}, \cdots, x_{Mt}, V) \tag{3-1}$$

其中，H 为复杂机电系统的健康状态；$x_{1t}, x_{2t}, \cdots, x_{Mt}$ 为系统特征量；f 为非线性关系；V 为模型参数。

基于 BRB 理论，利用系统特征量，可以建立特征量与系统健康状态之间的非线性模型 f。

基于 BRB 的复杂机电系统健康状态评估模型结构图如图 3-1 所示。首先，以提取的表征复杂机电系统健康的特征量作为 BRB 的输入，计算得出健康状态评估结果。然后，为了提高模型的精度，建立参数优化模型，基于差分进化(differential evolution，DE)算法对 BRB 模型参数进行优化更新。最后，利用训练后的模型实现系统的健康状态评估。

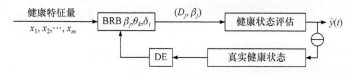

图 3-1　复杂机电系统健康状态评估模型结构图

在复杂机电系统健康状态评估 BRB 模型中，第 k 条 BRB 规则为

$$R_k : \text{If } x_1 \text{ is } A_1^k \wedge x_2 \text{ is } A_2^k \wedge \cdots \wedge x_M \text{ is } A_M^k$$
$$\text{Then}\{(D_1, \beta_{1,k}), (D_2, \beta_{2,k}), \cdots, (D_N, \beta_{N,k})\} \tag{3-2}$$
$$\text{With a rule weight } \theta_k \text{ and attribute weight } \delta_1, \delta_2, \cdots, \delta_M$$

其中，$x_i(i=1,2,\cdots,M)$ 为 BRB 输入，表征复杂机电系统健康特征量；$A_i^k(i=1,2,\cdots,M)$ 为第 i 个前提属性的参考值；M 为第 k 条规则中前提属性的个数；$D_j(i=1,2,\cdots,N)$ 为第 j 个评估结果；N 为评估结果的个数；$\beta_{j,k}(j=1,2,\cdots,N)$ 为第 k 条规则中第 j 个评估结果的置信度；θ_k 为第 k 条规则的权重；δ_i 为第 i 个前提属性的权重。

如果 $\sum\limits_{j=1}^{N}\beta_{j,k}=1$，那么第 k 条规则是完整的，否则是不完整的。

在复杂机电系统健康状态评估 BRB 模型中，基于 ER 规则进行推理。在基于 BRB 的复杂机电系统健康状态评估模型中，初始参数均由专家给定，具有主观性，会造成健康状态评估模型的不准确性。为了提高评估模型的精度，本节建立了参数优化模型，利用 DE 算法[109-113]对健康状态评估模型进行参数更新，提高模型的评估精度。

假设在 BRB 健康状态评估模型中，特征量及其对应的健康状态可以用集合表示为 (x_n,y_n)，$n=1,2,\cdots,T$，T 为特征量序列数据个数。利用 ER 算法，根据输入 x_n，由式(2-7)~式(2-9)计算可得 $\hat{y}_n$。求得的均方误差(mean square error，MSE)为

$$\xi(V)=\frac{1}{T}\sum_{n=1}^{T}(y_n-\hat{y}_n)^2 \tag{3-3}$$

其中，$V=[\theta_k,\delta_i,\beta_{j,k},\mu(D_j)]^{\mathrm{T}}$ 表示 BRB 参数集合。

为了使 $\hat{y}_n$ 无限接近 y_n，建立如下优化目标函数，即

$$
\begin{aligned}
&\min \text{MSE}(\theta_k,\beta_{j,k},\delta_i)\\
&\text{s.t. } 0\leqslant\theta_k\leqslant 1\\
&\qquad 0\leqslant\beta_{j,k}\leqslant 1,\quad j=1,2,\cdots,N;\ k=1,2,\cdots,L\\
&\qquad \sum_{n=1}^{N}\beta_{j,k}\leqslant 1\\
&\qquad 0\leqslant\delta_i\leqslant 1,\quad i=1,2,\cdots,M
\end{aligned}
\tag{3-4}
$$

其中，θ_k 为第 k 条规则的规则权重；$\beta_{j,k}$ 为第 j 个评价结果的置信度；δ_i 为第 i 个前提属性的属性权重。根据参数优化模型，利用优化算法对模型进

行训练可以得到最优的模型参数，准确地对系统健康状态进行评估。

3.3 复杂机电系统健康特征量确定

在基于半定量信息的健康评估及预测研究中，特征量的提取要求提取结果具有一定的物理意义，这样可以合理地嵌入专家知识及相关定性知识。复杂机电系统健康特征量的确定可基于以下分析开展(图 3-2)。

第一步，工作机理分析。通过对复杂机电系统的工作机理分析，了解系统正常工作过程及系统主要参数。

第二步，故障机理分析。分析复杂机电系统故障类型及原因，结合工作机理分析，确定表征系统健康状态的特征量。

第三步，动力学仿真分析。在对复杂机电系统进行工作机理分析及故障机理分析的基础上，从复杂机电系统零部件出发，建立系统三维模型，并以此为基础，进行机械动力学分析，模拟特征量变化对复杂机电系统健康状态的影响，获得其响应特征，验证特征量的合理性，并获取与丰富有效数据。

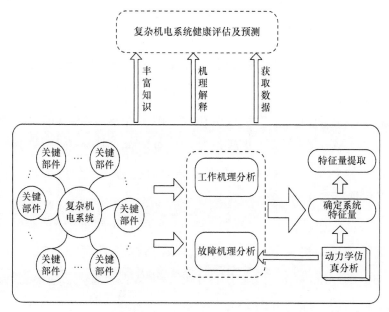

图 3-2 复杂机电系统健康特征量确定过程图

本书以航空发动机这一典型复杂机电系统为例，进行仿真分析，验证所提方法的合理性；基于上述健康状态特征量确定过程，以某型航空发动机开展机理分析及典型特征量的动力学仿真；深入分析了某型涡轮风扇发动机的工作及故障机理，总结了发动机常见故障及原因。首先对某型航空发动机的工作原理进行分析，如图 3-3 所示。空气由风扇吸入后，进行首次压缩，气流分为两路：一路进入内涵道，在压缩机内被压缩成高密度、高压、低速的气流，以提高发动机的效率。然后进入燃烧室，由供油喷嘴喷射出燃料，在燃烧室内与气流混合并燃烧。燃烧后产生的高温燃气，推动涡轮机旋转做功，带动风扇和压气机，最后经由尾喷管排出，产生推力，从压气机、强压气机、燃烧室、增压涡轮、减压涡轮，经尾喷管排放；另一路流向外涵道，直接排入大气或同内涵燃气一起在喷管排出。在飞机的监测系统中，一般对发动机的转速、压力、排气温度等参数进行监测，来初步判定航空发动机的运行状态。

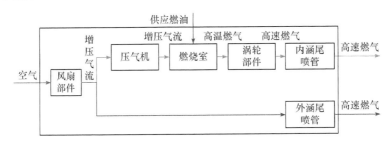

图 3-3　某型航空发动机工作原理图

通过航空发动机的工作机理分析，了解了航空发动机的正常工作状态及部分工作参数。为了进一步确定航空发动机的健康特征量，以航空发动机关键部件进行分类，对常见故障及原因进行分类总结[114,115]，如图 3-4 所示。

为了验证健康特征量选取的合理性，研究特征量变化对发动机运行的影响，对航空发动机进行机械动力学分析。首先，利用 CATIA 软件建立航空发动机的三维模型，为动力学分析提供模型基础。三维模型的建立过程在此不再赘述，模型如图 3-5 所示。

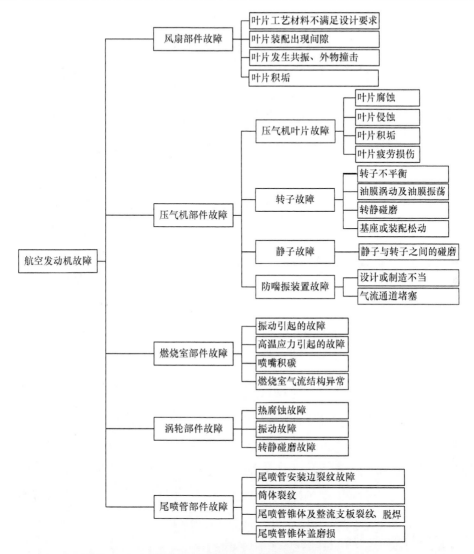

图 3-4　航空发动机常见故障分类

　　为了模拟特征量变化对航空发动机运行状态的影响，以温度变化对风扇部件运行状态影响为例，对其进行流体力学分析。风扇是涡轮风扇发动机的关键部件，它的工作好坏将对发动机的工作效率、安全性和可靠性产生直接的影响。由于工作转速高、形体单薄，且受严酷的载荷状况和复杂的工作环境影响，风扇部件是航空发动机中故障率较高的部件。由工作及故障机理分析可知，风扇出口温度为风扇部件的特征量之一，本节对风扇

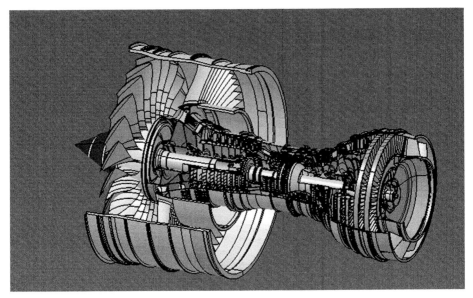

图 3-5　航空发动机三维模型

部件进行流体力学仿真，模拟风扇在低温(−75℃)、常温(26℃)、高温(75℃)环境下的运行状态变化。

在 CATIA 中建立航空发动机风扇叶片的三维模型，通过 ICEM 软件对风扇部件进行网格划分，将模型导入 FLUENT 中进行模拟仿真。

模型导入后，进行边界条件设置：①设置入口为自由流入；②设置出口为压力出口；③求解器类型为压力基、稳态；④设置 k-ε 湍流模型；⑤设置叶片的转速为 2600rpm。在边界条件设置完全相同的情况下，分别对不同温度下航空发动机的风扇叶片进行流体模拟仿真。仿真结果的压力云图如图 3-6 所示。

由图 3-6 可知：26℃和−75℃时风扇叶片受到的压力值基本保持一致，从叶根到叶尖压力值逐渐增大，故风扇外缘容易损坏。本模型流域体积不变，在 75℃时风扇叶片所受的压力值相对于 26℃和−75℃时有所增大，由仿真结果可知，在体积保持不变的情况下，高温环境下风扇部件更易损坏。另外，对仿真结果的流场压力云图进行分析，如图 3-7 所示。

从图 3-7 可以看出，在叶片的正前方区域出现负压，叶片转动将空气吸入。从中间区域到流场边缘，压力逐渐变大，故风扇对空气做功。75℃

下流场外缘的压力值比–75℃时和 26℃时大，高温下风扇磨损会更严重，使用寿命会缩短，更易老化。

空气流量是衡量航空发动机工作状态好坏的重要参数，为了进一步分析温度变化对风扇部件运行状态的影响，分析了不同温度下空气流量的变化，如表 3-1 所示。由结果分析可知，随着温度的升高，空气流量增大。

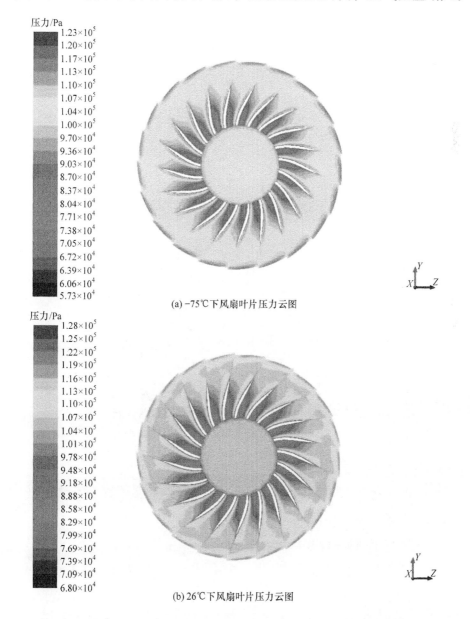

(a) –75℃下风扇叶片压力云图

(b) 26℃下风扇叶片压力云图

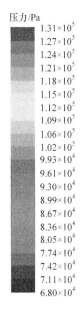

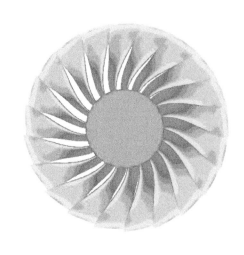

(c) 75℃下风扇叶片压力云图

图 3-6　不同温度下风扇叶片压力云图

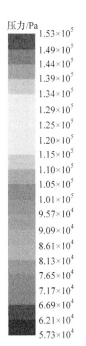

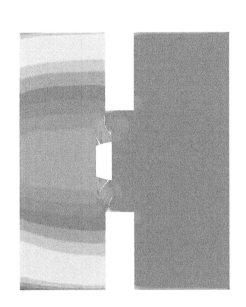

(a) −75℃下风扇叶片流场压力云图

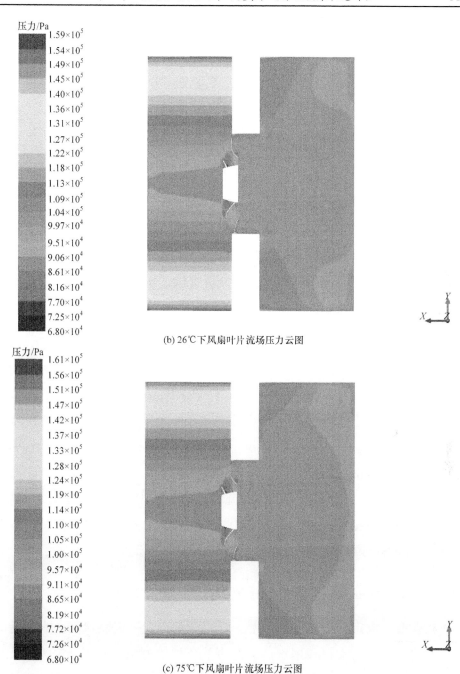

(b) 26℃下风扇叶片流场压力云图

(c) 75℃下风扇叶片流场压力云图

图 3-7 流场压力云图

表 3-1　不同温度下空气流量

温度/℃	入口质量流率/(kg/s)	出口质量流率/(kg/s)
−75	0.045	0.084
26	0.135	0.210
75	0.153	0.251

通过上述分析，模拟了航空发动机风扇部件的运行状态。通过模拟分析可知，进行流体力学分析能够获取航空发动机工作状态及相关参数的变化，如压强、流量等，验证了特征量的合理性，为航空发动机健康特征量的确定提供了有效方法与手段，获取与丰富了有效数据，为解决数据获取困难提供了有效途径，为健康状态的分析提供了重要参考依据，为后续的健康评估及预测研究提供了基础。

3.4　仿真案例分析

本节以某型涡轮风扇发动机关键部件健康状态评估为背景,基于本章建立的复杂机电系统健康状态评估模型进行仿真分析。选取振动和风扇出口温度为特征量[分别表示为 Vibration 和 FEST(fan exit section temperature)],进行健康状态评估仿真验证。设计 5 种状态实验，表示为 E0、E1、E2、E3、E4，并假设 5 组实验下部件的健康状态分别为正常(normal)、一级故障状态(first-degree fault)、二级故障状态(second-degree fault)、三级故障状态(third-degree fault)、四级故障状态(fourth-degree fault)。

3.4.1　置信规则库健康状态评估模型的建立

在获取系统定量数据的基础上，利用专家知识等定性知识，即半定量信息，建立航空发动机风扇部件的健康状态评估模型。对于 FEST，根据专家经验，选取 4 个参考值，即小(small)、正常(normal)、小高(little high)、高(high)，分别记为 S、N、LH、H，即

$$A_1^k \in \{S, N, LH, H\} \tag{3-5}$$

同样,对于特征量 Vibration,选取 4 个参考值,即小(small)、正常(normal)、小高(little high)、高(high),分别记为 S、N、LH、H,即

$$A_2^k \in \{S,N,LH,H\} \tag{3-6}$$

对于评价结果,由实验可知,共有 5 种健康状态,分别表示为 Z、I、II、III、IV,即

$$D = (D_1, D_2, D_3, D_4, D_5) = (Z, I, II, III, IV) \tag{3-7}$$

BRB 的输入特征量共有 4 个参考值,由此可以建立 16 条初始置信规则来评估系统的健康状态。例如,如果 FEST 的定量数据为定性语义表达 S,Vibratin 的定性语义表达分别为 S、N、LH、H 时,根据专家知识,可以建立如下规则,即

R_1 : If(FEST is S) $\wedge$ (Vibration is S), Then $\{(D_1, 0.9), (D_2, 0.1), (D_3, 0)(D_4, 0)(D_5, 0)\}$

R_2 : If(FEST is S) $\wedge$ (Vibration is N), Then $\{(D_1, 0.9), (D_2, 0.1), (D_3, 0)(D_4, 0)(D_5, 0)\}$

R_3 : If(FEST is S) $\wedge$ (Vibration is LH), Then $\{(D_1, 0), (D_2, 0), (D_3, 0.1)(D_4, 0.8)(D_5, 0.1)\}$

R_4 : If(FEST is S) $\wedge$ (Vibration is H), Then $\{(D_1, 0), (D_2, 0), (D_3, 0)(D_4, 0.1)(D_5, 0.9)\}$

$$\tag{3-8}$$

以式(3-8)为例,建立系统的 BRB 健康状态评估模型,第 k 条规则为

R_k : If FEST is $A_1^k \wedge$ Vibration is A_2^k,

　　Then Health-condition is $\{(Z, \beta_{1,k}), (I, \beta_{2,k}), (II, \beta_{3,k}), (III, \beta_{4,k}), (IV, \beta_{5,k})\}$

　　With rule weight θ_k, attribute weight $\delta_1, \delta_2, \cdots, \delta_5$

$$\tag{3-9}$$

3.4.2　仿真分析

为了验证健康状态评估模型的有效性,以本节实验为背景进行仿真分析验证。仿真获取 1000 组不同状态下的特征量值,发动机 5 个等级的仿真数据如图 3-8 所示。

首先,根据专家经验和采样数据特征对特征量、评价结果的语义参考值进行量化,如表 3-2~表 3-5 所示。

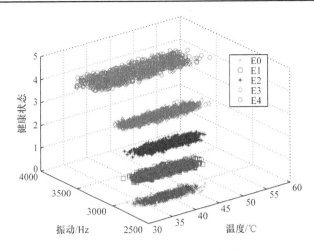

图 3-8　发动机 5 个等级的仿真数据

表 3-2　BRB 模型专家给定的初始参数

规则序号	FEST AND Vibration	置信度 $\{D_1, D_2, D_3, D_4, D_5\} = \{0,1,2,3,4\}$
1	S AND S	$\{(D_1,0.9),(D_2,0.1),(D_3,0),(D_4,0),(D_5,0)\}$
2	S AND N	$\{(D_1,0.9),(D_2,0.1),(D_3,0),(D_4,0),(D_5,0)\}$
3	S AND LH	$\{(D_1,0),(D_2,0),(D_3,0.1),(D_4,0.8),(D_5,0.1)\}$
4	S AND H	$\{(D_1,0),(D_2,0),(D_3,0),(D_4,0.1),(D_5,0.9)\}$
5	N AND S	$\{(D_1,0.9),(D_2,0.1),(D_3,0),(D_4,0),(D_5,0)\}$
6	N AND N	$\{(D_1,1),(D_2,0),(D_3,0),(D_4,0),(D_5,0)\}$
7	N AND LH	$\{(D_1,0),(D_2,1),(D_3,0),(D_4,0),(D_5,0)\}$
8	N AND H	$\{(D_1,0),(D_2,0),(D_3,1),(D_4,0),(D_5,0)\}$
9	LH AND S	$\{(D_1,0),(D_2,0.9),(D_3,0.1),(D_4,0),(D_5,0)\}$
10	LH AND N	$\{(D_1,0.1),(D_2,0.8),(D_3,0.1),(D_4,0),(D_5,0)\}$
11	LH AND LH	$\{(D_1,0),(D_2,0),(D_3,0),(D_4,1),(D_5,0)\}$
12	LH AND H	$\{(D_1,0),(D_2,0),(D_3,0),(D_4,0.1),(D_5,0.9)\}$
13	H AND S	$\{(D_1,0),(D_2,0),(D_3,0.4),(D_4,0.6),(D_5,0)\}$
14	H AND N	$\{(D_1,0),(D_2,0),(D_3,0.1),(D_4,0.9),(D_5,0)\}$
15	H AND LH	$\{(D_1,0),(D_2,0),(D_3,0),(D_4,0.2),(D_5,0.8)\}$
16	H AND H	$\{(D_1,0),(D_2,0),(D_3,0),(D_4,0),(D_5,1)\}$

表 3-3　FEST 的属性参考值

语义值	量化值
S	30
N	40
LH	50
H	60

表 3-4　Vibration 的属性参考值

语义值	量化值
S	2700
N	2900
LH	3200
H	3900

表 3-5　健康状态的参考值

语义值	量化值
Z	0
I	1
II	2
III	3
IV	4

根据量化结果和表 3-1，建立初始 BRB 评估模型。为了对初始 BRB 进行训练，在 1000 组采样数据中选取前 800 组数据作为训练数据，后 200 组数据作为测试数据。整个仿真过程在 Matlab 中进行。

根据专家给出的初始参数，不考虑特征量权重，θ_k、δ_i 均设置为 1，可得初始 BRB 的健康状态评估结果，如图 3-9 所示。由图可知，评估结果与训练数据的拟合程度并不高。

为了弥补专家经验的主观性，得到更加准确的系统评估模型，基于 DE 算法，对初始 BRB 进行参数更新。在 DE 算法中，F(变异算子)、CR(交

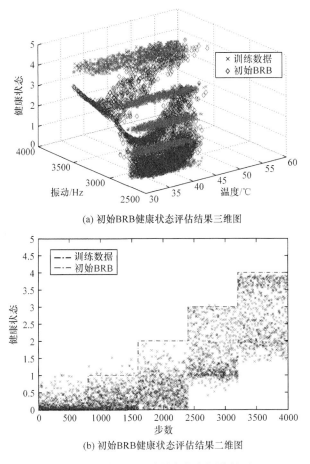

(a) 初始BRB健康状态评估结果三维图

(b) 初始BRB健康状态评估结果二维图

图 3-9　初始 BRB 的健康状态评估结果

叉算子)、NP(种群规模)分别设置为 0.5、0.8、1000。更新后的 BRB 模型参数如表 3-6 所示。训练后的 BRB 健康状态评估结果如图 3-10 所示。可以看出，参数更新后的输出结果可以很好地拟合训练数据。

表 3-6　更新后的 BRB 模型参数

规则序号	FEST AND Vibration	置信度 $\{D_1, D_2, D_3, D_4, D_5\} = \{0,1,2,3,4\}$
1	S AND S	$\{(D_1, 0.9627), (D_2, 0.0289), (D_3, 0.0024), (D_4, 0.0023), (D_5, 0.0037)\}$
2	S AND N	$\{(D_1, 0.8603), (D_2, 0.0802), (D_3, 0), (D_4, 0.0198), (D_5, 0.0397)\}$
3	S AND LH	$\{(D_1, 0.0769), (D_2, 0.0347), (D_3, 0), (D_4, 0), (D_5, 0.8884)\}$
4	S AND H	$\{(D_1, 0), (D_2, 0), (D_3, 0), (D_4, 0), (D_5, 1)\}$
5	N AND S	$\{(D_1, 1), (D_2, 0), (D_3, 0), (D_4, 0), (D_5, 0)\}$

续表

规则序号	FEST AND Vibration	置信度 $\{D_1, D_2, D_3, D_4, D_5\} = \{0,1,2,3,4\}$
6	N AND N	$\{(D_1, 0.7306), (D_2, 0.2293), (D_3, 0), (D_4, 0.0223), (D_5, 0.0178)\}$
7	N AND LH	$\{(D_1, 0.0819), (D_2, 0.0428), (D_3, 0), (D_4, 0.0101), (D_5, 0.08652)\}$
8	N AND H	$\{(D_1, 0), (D_2, 0), (D_3, 0), (D_4, 0), (D_5, 1)\}$
9	LH AND S	$\{(D_1, 1), (D_2, 0), (D_3, 0), (D_4, 0), (D_5, 0)\}$
10	LH AND N	$\{(D_1, 0.2354), (D_2, 0.6482), (D_3, 0.0827), (D_4, 0.320), (D_5, 0.0017)\}$
11	LH AND LH	$\{(D_1, 0.0698), (D_2, 0.0021), (D_3, 0), (D_4, 0.2059), (D_5, 7222)\}$
12	LH AND H	$\{(D_1, 0), (D_2, 0), (D_3, 0), (D_4, 0), (D_5, 1)\}$
13	H AND S	$\{(D_1, 0), (D_2, 0), (D_3, 0.4000), (D_4, 0.6000), (D_5, 0.0)\}$
14	H AND N	$\{(D_1, 0), (D_2, 0), (D_3, 0.0900), (D_4, 0.9000), (D_5, 0.0100)\}$
15	H AND LH	$\{(D_1, 0), (D_2, 0), (D_3, 0), (D_4, 0.0122), (D_5, 0.9878)\}$
16	H AND H	$\{(D_1, 0), (D_2, 0), (D_3, 0), (D_4, 0), (D_5, 1)\}$

为了验证训练后 BRB 模型的评估效果，利用后 200 组数据进行测试验证。如图 3-11 所示，经过 DE 后的 BRB 模型输出结果相比初始 BRB 输出结果，可以更好地拟合测试数据。

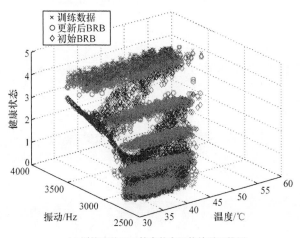

(a) 训练后的BRB健康状态评估结果三维图

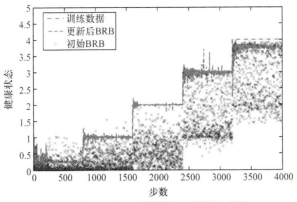

(b) 训练后的BRB健康状态评估结果二维图

图 3-10　训练后的 BRB 健康状态评估结果

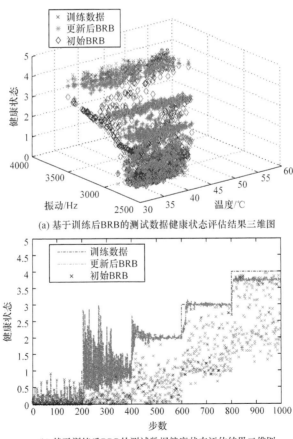

(a) 基于训练后BRB的测试数据健康状态评估结果三维图

(b) 基于训练后BRB的测试数据健康状态评估结果二维图

图 3-11　基于训练后 BRB 的测试数据健康状态评估结果

3.4.3 对比分析

为了进一步验证本章所提方法的有效性和准确性，本节进行对比分析。首先，为了验证专家定性知识在初始建模过程中的导向性作用，利用初始置信度随机的 BRB 模型与专家给定的初始置信度 BRB 模型进行对比分析。如图 3-12 所示，在 3500～4000 数据段，评价结果才开始拟合训练数据。但是，专家给定初始值的 BRB 模型输出结果较早就开始拟合训练数据。由此可知，利用专家知识可以缩短模型优化时间，提高模型的评估效率及准确性。为了更直观、量化地进行对比，以均方误差作为评判标准，初始置信度随机的 BRB 健康状态评估结果如表 3-7 所示。

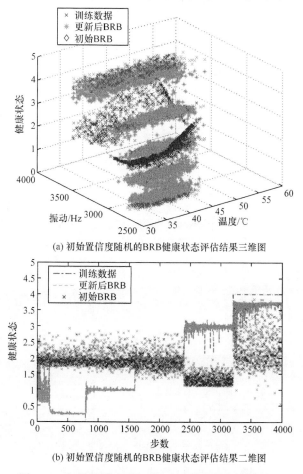

(a) 初始置信度随机的BRB健康状态评估结果三维图

(b) 初始置信度随机的BRB健康状态评估结果二维图

图 3-12 初始置信度随机的 BRB 健康状态评估结果

表 3-7   不同 BRB 模型的均方误差

项目	初始 BRB 模型均方误差	更新后的 BRB 模型均方误差
没有专家干预的情况	2.1559	0.0846
专家给定的初始参数	1.4422	0.0318

为了进一步验证所提模型的先进性，利用 BP 神经网络进行对比分析。BP 神经网络在诊断、分类、预测等问题上都具有广泛的应用。同 BRB 模型仿真分析一样，在 BP 评估模型中，同样利用前 800 组数据进行训练，其余的数据作为测试数据。BP 神经网络健康状态评估结果如图 3-13 所示。BP 神经网络测试数据健康状态评估结果如图 3-14 所示。表 3-8 列出了 BRB

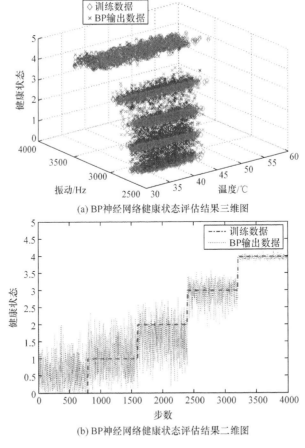

(a) BP 神经网络健康状态评估结果三维图

(b) BP 神经网络健康状态评估结果二维图

图 3-13   BP 神经网络健康状态评估结果

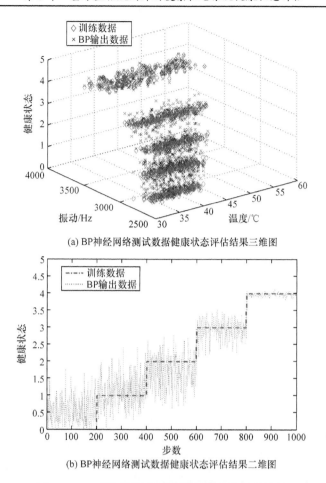

(a) BP神经网络测试数据健康状态评估结果三维图

(b) BP神经网络测试数据健康状态评估结果二维图

图 3-14　BP 神经网络测试数据健康状态评估结果

健康状态评估模型与 BP 健康状态评估模型的均方误差。通过对比分析可知，相较 BP 健康状态评估模型，本章提出的基于 BRB 的复杂机电系统健康状态评估模型具有较高的准确性和有效性。

表 3-8　不同模型的均方误差

项目	训练模型的均方误差	测试模型的均方误差
初始 BRB	1.4422	1.5369
更新后 BRB	0.0316	0.1146
BP 神经网络	0.2240	0.2130

3.5　本　章　小　结

　　本章提出并建立基于BRB的复杂机电系统非线性健康状态评估模型。该评估模型可以充分利用系统的半定量信息，融合更为丰富的不确定信息，提供更接近实际的知识表达方式。同时，本章以某型航空发动机关键部件为例进行仿真验证。结果表明，基于BRB的复杂机电系统健康状态评估模型能够真实有效地反映系统的健康状态。与其他评估模型相比，该模型对系统健康状态评估合理有效，具有更高的精度。

第4章 基于双层置信规则库的复杂机电系统健康状态预测

4.1 引　　言

近年来，复杂机电系统健康状态预测作为研究热点得到蓬勃发展。健康状态预测通过对系统当前及历史状态的综合决策，预测系统未来健康状态的变化。在复杂机电系统全寿命周期内，其健康状态是动态变化的，如何利用有效的建模方法，动态、准确地反映系统健康状态的变化是本章重点研究的内容。

现有的健康状态预测方法主要分为基于模型的方法、基于数据驱动的方法和基于知识的方法。在基于模型的方法中，基于系统的数学解析模型，通过建立状态方程实现系统健康参数的预测；基于数据驱动的方法在获取系统大量监测数据的基础上，建立输入与输出的非线性模型，实现系统参数或状态预测；基于知识的方法，如专家系统或模糊推理，更多地依赖系统定性知识进行预测。但是，本书研究的一类具有小样本特征的复杂机电系统比较复杂，难以建立系统完整准确的数学模型，因此基于模型的方法具有局限性；基于数据驱动的方法常利用时间序列预测的方法对系统健康状态进行预测，预测结果不够全面，而且很难获取大量的有效监测数据；传统的基于知识的方法往往受限于定性知识的模糊性，预测结果不准确。以航空发动机为例，基于模型的方法在建立系统健康的状态模型之后，往往存在待估参数个数大于可测参数个数的尴尬局面，难以准确地实现发动机的健康状态预测[22]；在基于数据驱动的方法中，常以预测压力、转速、排气温度等参数的时间序列单纯地预测发动机的健康状态[116]。由于系统的复杂性，基于参数时间序列预测的方法很难全面地预测航空发动机的健康状态。另外，考虑航空发动机的复杂性、精密性等特点，传统基于知识的方法难以准确地预测其健康状态，因此针对这类难以建立完整、准确的数学解析模型，有效监测数据少的复杂机电系统，本章结合系统部分定量数据及定性知识，提出并建立基于双层 BRB 的复杂机电系统健康状态预测模型，动态反映系统健康状态的变化。第一层 BRB 建立系统特征量时间序列预测模型，综合利用系统当前及历史信息，考虑专家知识，加入参数优化更新，实现对特征量的动态预测。第二层 BRB 建立复杂机电系统未来时刻健康状态评估模型。最后，通过对某型航空发动机的整机振动数据进行仿真实验分析，验证双层 BRB 健康状态预测模型的有效性和准确性。

4.2 基于双层置信规则库的复杂机电系统健康状态预测方法

复杂机电系统的健康状态与系统特征量的非线性关系为

$$y(t) = f(x_{1t}, x_{2t}, \cdots, x_{Mt}, V) \tag{4-1}$$

其中，$x_{nt}(n=1,2,\cdots,M)$ 为复杂机电系统的特征量；f 为非线性模型，即 BRB 模型；V 为模型参数。

因此，复杂机电系统健康状态预测与特征量的非线性关系为

$$\hat{y}(t+p) = f(\hat{x}_{1(t+p)}, \hat{x}_{2(t+p)}, \cdots, \hat{x}_{M(t+p)}, V) \tag{4-2}$$

其中，p 为预测步数。

对于 $\hat{x}_{n(t+p)}$，可以建立特征量的当前及历史数据与预测数据的关系，即

$$\hat{x}_{n(t+p)} = h(x_{nt}, x_{n(t-1)}, \cdots, x_{n(t-\tau)}, G) \tag{4-3}$$

其中，G 为模型参数集合；h 为非线性模型。

因此，健康特征量与复杂机电系统健康状态预测为

$$\hat{y}_{(t+p)} = f(h(X_t, X_{t-1}, X_{t-\tau}), V, G) \tag{4-4}$$

其中，$X = [x_1, x_2, \cdots, x_M]$。

因此，本章的核心问题是建立非线性模型 f 和 h，同时确定模型参数 V 和 G。

本章提出基于双层 BRB 的健康状态预测模型。双层 BRB 模型如图 4-1 所示。

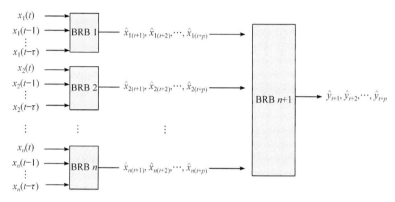

图 4-1　双层 BRB 模型

在整个健康状态预测的过程中，基于极大不相关法进行特征量提取，同时基于 P-CMA-ES(projection covariance matrix adaption evolution strategy)的参数优化算法进行模型参数优化更新。基于双层 BRB 的健康状态预测模型如图 4-2 所示。

4.2.1　基于置信规则库的时间序列预测模型

在建立双层 BRB 健康状态预测模型的过程中，首先建立系统特征量的时间序列预测模型 BRB_layer1。基于 BRB 的时间序列预测模型是在最

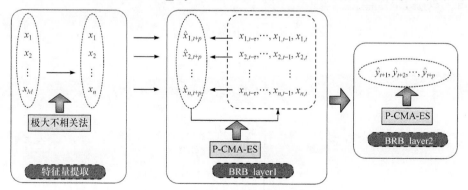

图 4-2　基于双层 BRB 的健康状态预测模型

基本的 BRB 规则基础上发展而来的。根据获得的系统的当前和历史数据，以及部分专家知识，系统特征量的时间序列预测模型为

$$R_k : \text{If } x(t) \text{ is } A_1^k \wedge x(t-1) \text{ is } A_2^k \wedge \cdots x(t-\tau) \text{ is } A_{\tau+1}^k$$
$$\text{Then } x(t+1) \text{ is } \{(D_1, \beta_{1,k}), \cdots, (D_N, \beta_{N,k})\} \tag{4-5}$$

以上基于 BRB 建立了复杂机电系统特征量 x_n 的时间序列预测模型，在此基础上，综合复杂系统的 n 个特征量，建立健康状态预测模型。

4.2.2 基于置信规则库的健康状态预测模型

假设共有 n 个特征量可以表征复杂机电系统的健康状态，在不考虑特征量约减的前提下，建立系统的健康状态模型 BRB_layer2，即

$$R_k : \text{If } x_1(t+1) \text{ is } A_1^k \wedge x_2(t+1) \text{ is } A_2^k \wedge \cdots x_n(t+1) \text{ is } A_n^k$$
$$\text{Then } \{(H_1, \beta_{1,k}), \cdots, (H_N, \beta_{N,k})\} \tag{4-6}$$
$$\text{With a rule weight } \theta_k \text{ and attribute weight } \overline{\delta}_1, \overline{\delta}_2, \cdots, \overline{\delta}_n$$

在双层 BRB 模型中，对 BRB n 和 BRB n+1 利用基于证据推理算法的 BRB 推理方法进行模型的规则推理。

4.2.3 基于 P-CMA-ES 的置信规则库参数模型优化

在双层 BRB 健康状态预测模型中，模型的初始参数都是专家给定的，因此需要对模型参数进行优化更新。与健康状态评估的参数优化模型相同，双层 BRB 模型同样利用均方误差建立优化模型。

在 BRB_layer1，建立优化目标函数为

$$\min \xi(G)$$
$$\text{s.t. } \sum_{n=1}^{N} \beta_{n,k} = 1, \quad 0 \leqslant \beta_{n,k} \leqslant 1; \ k = 1, 2, \cdots, L \tag{4-7}$$

其中，$\xi(G)$ 为均方误差，即 $\xi(G) = \dfrac{1}{T-\tau} \sum_{t=\tau+1}^{T} (x(t) - \hat{x}(t))^2$，$T$ 为数据的个数。

同 BRB_layer1，对 BRB_layer2 建立同样的优化目标函数，即

$$\min \xi(V)$$

$$\text{s.t.} \sum_{n=1}^{N} \beta_{n,k} = 1, \quad 0 \leqslant \beta_{n,k} \leqslant 1; \ k = 1,2,\cdots,L$$

$$0 \leqslant \delta_i \leqslant 1, \quad i = 1,2,\cdots,M \qquad\qquad (4\text{-}8)$$

$$0 \leqslant \theta_k \leqslant 1$$

其中，$\xi(V) = \dfrac{1}{T - \tau} \sum_{t=\tau+1}^{T} (y(t) - \hat{y}(t))^2$。

本章利用 P-CMA-ES 算法对模型参数进行优化更新。P-CMA-ES 算法是在 CMA-ES 算法的基础上改进的约束优化算法。CMA-ES 算法是目前最受关注的新型智能优化算法，可用于解决非线性、非凸实值连续优化问题。它通过调整协方差矩阵控制整个种群的进化方向，用小规模的种群快速收敛到最优解[117-119]。本章利用文献[110]提出的 P-CMA-ES 算法进行优化，通过加入投影操作，处理约束问题时，降低复杂度，提高优化效率。具体步骤包括投影操作、采样操作、约束多目标操作、选择重组操作、更新协方差矩阵。

4.3　基于双层置信规则库的航空发动机健康状态预测

本节以航空发动机整机故障为背景，研究发动机的健康状态预测问题。在某型航空发动机试验台整机振动实验中，根据振动的大小，将航空发动机健康状态分为三级，即严重故障(Serious)、中等故障(Medium Serious)和正常(Normal)，发动机健康状态预测结果可表示为 {H_0(Serious), H_1(Medium Serious), H_2(Normal)}。对振动量进行时域特征提取可以得到五个特征量，即均值、均方值、方差、歪度指标、峭度指标[119]，基于极大不相关法[120]进行健康特征量提取结果可知，将峭度和歪度作为特征量进行健康状态预测。由于环境噪声等干扰，为了提高预测精度，对采集的整机振动数据进行数据预处理。滤波后的特征量数据如图 4-3 所示。

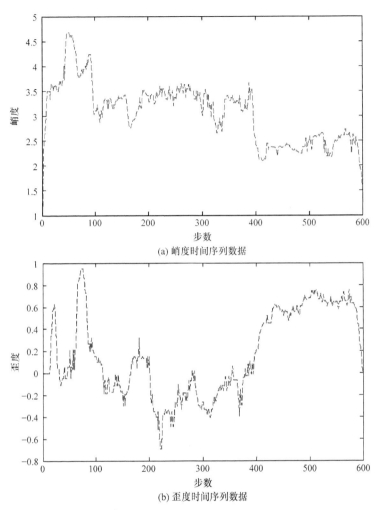

(a) 峭度时间序列数据

(b) 歪度时间序列数据

图 4-3 滤波后的特征量数据

4.3.1 BRB_layer1 模型的建立

确定表征某型航空发动机整机振动健康状态的特征量为峭度与歪度，分别表示为 x_1 和 x_2。对特征量建立动态时间序列预测模型，即 BRB1 和 BRB2，即

$$\begin{cases} R_{1k}: \text{If } x_1(t) \text{ is } A_1^k \wedge x_1(t-1) \text{ is } A_2^k \wedge \cdots \wedge x_1(t-\tau) \text{ is } A_{\tau+1}^k \\ \qquad \text{Then } x_1(t+p) \text{ is } \{(D_1, \beta_{1,k}), \cdots, (D_N, \beta_{N,k})\} \\ R_{2k}: \text{If } x_2(t) \text{ is } A_1^k \wedge x_2(t-1) \text{ is } A_2^k \wedge \cdots \wedge x_2(t-\tau) \text{ is } A_{\tau+1}^k \\ \qquad \text{Then } x_2(t+p) \text{ is } \{(D_1, \beta_{1,k}), \cdots, (D_N, \beta_{N,k})\} \end{cases} \tag{4-9}$$

　　把三种实验环境下的特征量数据视为一组时间序列，分别构造两组特征量的时间序列预测模型。首先，对 BRB1 和 BRB2 模型输入特征量进行参数选择并量化。对于峭度，根据专家知识选取 4 个参考值，即 Low、Middle、High、Very High，分别记为 L、M、H、VH。同理，对于歪度，也选取 4 个参考值，即 Low、Middle、High、Very High，分别记为 L、M、H、VH。特征量量化结果如表 4-1 和表 4-2 所示。

表 4-1　峭度参考值

语义值	量化值
L	1.1444
M	2.0000
H	3.0000
VH	4.6809

表 4-2　歪度参考值

语义值	量化值
L	−0.6907
M	−0.1000
H	0.6000
VH	0.9510

　　在时间序列预测模型中，延迟步数设为 2，即 $\tau = 2$，预测步数设为 1，即 $p = 1$。因为歪度特征量 $x_1(t)$ 有 4 个参考值，所以 $x_1(t - \tau)$ 也有 4 个参考值，BRB1 有 16 条规则。同理，BRB2 也有 16 条规则。对 BRB1 和 BRB2 设置相同的初始置信度，初始模型参数如表 4-3 所示。

表 4-3　BRB1 和 BRB2 的初始模型参数

序号	规则权重	前提属性		评价结果
		$x(t)$	$x(t-1)$	$\{D_1, D_2, D_3, D_4\}$
1	1	L	L	(1, 0, 0, 0)
2	1	L	M	(0.75, 0.25, 0, 0)
3	1	L	H	(0, 0.45, 0.55, 0)
4	1	L	VH	(0, 0, 0.35, 0.65)

续表

序号	规则权重	前提属性		评价结果
		$x(t)$	$x(t-1)$	$\{D_1, D_2, D_3, D_4\}$
5	1	M	L	(0.75, 0.25, 0, 0)
6	1	M	M	(0, 1, 0, 0)
7	1	M	H	(0, 0.5, 0.5, 0)
8	1	M	VH	(0, 0.15, 0.75, 0.1)
9	1	H	L	(0, 0.35, 0.65, 0)
10	1	H	M	(0, 0.333, 0.667, 0)
11	1	H	H	(0, 0, 1, 0)
12	1	H	VH	(0, 0, 0.65, 0.35)
13	1	VH	L	(0, 0, 0.25, 0.75)
14	1	VH	M	(0, 0.1, 0.3, 0.6)
15	1	VH	H	(0, 0, 0.65, 0.35)
16	1	VH	VH	(0, 0, 0, 1)

　　为了得到精度更高的 BRB 时间序列预测模型，对 BRB1 和 BRB2 进行参数训练，选取 300 个数据作为训练数据，利用 P-CMA-ES 算法进行参数优化，将种群大小设置为 82，迭代次数设置为 500。BRB1 和 BRB2 优化后的模型参数如表 4-4 和表 4-5 所示。

表 4-4　BRB1 优化后的模型参数

序号	规则权重	前提属性		评价结果
		$x_1(t)$	$x_1(t-1)$	$\{D_{11}, D_{12}, D_{13}, D_{14}\} = \{0, 2, 3.5, 5\}$
1	0.0676	L	L	(0.4094, 0.1650, 0.3186, 0.1070)
2	0.8114	L	M	(0.2208, 0.6465, 0.1090, 0.0237)
3	0.4931	L	H	(0.6145, 0.0984, 0.0477, 0.2395)
4	0.2898	L	VH	(0.3344, 0.4005, 0.1412, 0.1239)
5	0.4086	M	L	(0.5429, 0.1108, 0.0467, 0.2995)
6	0.8055	M	M	(0.2656, 0.4157, 0.2847, 0.0340)
7	0.0023	M	H	(0.3157, 0.1946, 0.2295, 0.2602)
8	0.4661	M	VH	(0.1693, 0.3077, 0.0660, 0.4570)
9	0.6134	H	L	(0.1706, 0.5829, 0.0673, 0.1792)

续表

序号	规则权重	前提属性		评价结果
		$x_1(t)$	$x_1(t-1)$	$\{D_{11}, D_{12}, D_{13}, D_{14}\} = \{0, 2, 3.5, 5\}$
10	0.6214	H	M	(0.1316, 0.1461, 0.3239, 0.3984)
11	0.5508	H	H	(0.0908, 0.3004, 0.6051, 0.0037)
12	0.7559	H	VH	(0.1190, 0.2669, 0.4265, 0.1875)
13	0.4491	VH	L	(0.4949, 0.1515, 0.0322, 0.3214)
14	0.4425	VH	M	(0.1588, 0.2022, 0.2163, 0.4227)
15	0.5541	VH	H	(0.0038, 0.0629, 0.2769, 0.6563)
16	0.7401	VH	VH	(0.0055, 0.0844, 0.0147, 0.8954)

表 4-5　BRB2 优化后的模型参数

序号	规则权重	前提属性		评价结果
		$x_2(t)$	$x_2(t-1)$	$\{D_{21}, D_{22}, D_{23}, D_{24}\} = \{-0.7, 0, 0.5, 1\}$
1	0.8664	L	L	(0.8573, 0.0098, 0.0590, 0.0739)
2	0.8613	L	M	(0.8628, 0.0387, 0.0903, 0.0082)
3	0.1743	L	H	(0.1676, 0.0000, 0.8294, 0.0022)
4	1.0000	L	VH	(0.3941, 0.1262, 0.0976, 0.3821)
5	0.4367	M	L	(0.0759, 0.0301, 0.7935, 0.1005)
6	0.8508	M	M	(0.5823, 0.0116, 0.1834, 0.2248)
7	0.9470	M	H	(0.5041, 0.0267, 0.1141, 0.3551)
8	0.6980	M	VH	(0.5011, 0.4358, 0.0170, 0.0461)
9	0.8464	H	L	(0.4438, 0.0417, 0.4685, 0.0460)
10	0.7844	H	M	(0.0000, 0.0029, 0.5234, 0.4742)
11	0.5696	H	H	(0.0542, 0.0401, 0.5581, 0.3476)
12	0.3510	H	VH	(0.1555, 0.0296, 0.0319, 0.7831)
13	0.5189	VH	L	(0.4016, 0.2403, 0.0000, 0.3580)
14	0.6891	VH	M	(0.0103, 0.0666, 0.1902, 0.7329)
15	0.5237	VH	H	(0.0257, 0.0175, 0.0048, 0.9520)
16	0.0276	VH	VH	(0.4448, 0.3049, 0.0264, 0.2239)

将所有数据作为测试数据，进行模型验证，BRB1 峭度时间序列预测如图 4-4 所示。BRB2 歪度时间序列预测如图 4-5 所示。利用均方误差进行误差计算，结果 BRB1 为 0.0452，BRB2 为 0.00387。与初始模型相比，更

新后的模型更能准确地预测特征量的值。

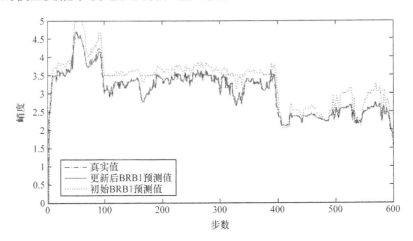

图 4-4　BRB1 峭度时间序列预测

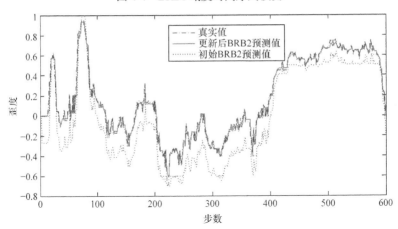

图 4-5　BRB2 歪度时间序列预测

4.3.2　BRB_layer2 模型的建立

对航空发动机健康状态语义值进行量化，即 $(H_0, H_1, H_2) = (0, 0.5, 1)$。用 Kurtosis 和 Skewness 表示峭度和歪度特征量，则某型航空发动机的健康状态预测模型为

$\quad$ If Kurtosis is $A_1^k \wedge$ Skewness is A_2^k

$\quad$ Then the health state is $\{(H_0, \beta_{1,k}), (H_1, \beta_{2,k}), (H_2, \beta_{3,k})\}$　　　(4-10)

$\quad$ With a rule weight θ_k and attribute weight δ_1, δ_2

其中，A_1^k 和 A_2^k 为前提属性的参考值。

同 BRB1 和 BRB2 一样，为了得到最优模型，首先对 BRB3 进行模型训练，选取前 100 组数据作为训练数据，利用 P-CMA-ES 算法进行优化更新，将种群数量设置为 66，迭代次数设置为 500。经过模型训练，BRB3 初始模型参数如表 4-6 所示。更新之后，峭度和歪度的权重分别为 0.7300 和 0.4338。将所有数据作为测试数据，可以得到健康状态预测结果。可以看出，更新后的 BRB3 的输出可以很好地拟合系统真实的健康状态，优化后的模型参数如表 4-7 所示。

表 4-6　BRB3 初始模型参数

序号	规则权重	前提属性		评价结果
		Kurtosis	Skewness	$\{H_0, H_1, H_2\} = \{0, 0.5, 1\}$
1	1	L	L	(1, 0, 0)
2	1	L	M	(0.75, 0.25, 0)
3	1	L	H	(0, 0.45, 0.55)
4	1	L	VH	(0, 0.35, 0.65)
5	1	M	L	(0.75, 0.25, 0)
6	1	M	M	(0, 1, 0)
7	1	M	H	(0, 0.5, 0.5)
8	1	M	VH	(0, 0.25, 0.75)
9	1	H	L	(0, 0.35, 0.65)
10	1	H	M	(0, 0.3, 0.7)
11	1	H	H	(0, 0, 1)
12	1	H	VH	(0, 0.65, 0.35)
13	1	VH	L	(0, 0.25, 0.75)
14	1	VH	M	(0.1, 0.3, 0.6)
15	1	VH	H	(0, 0.65, 0.35)
16	1	VH	VH	(0, 0, 1)

表 4-7　BRB3 优化后的模型参数

序号	规则权重	前提属性		评价结果
		Kurtosis	Skewness	$\{H_0, H_1, H_2\} = \{0, 0.5, 1\}$
1	0.7888	L	L	(0.0610, 0.6202, 0.3188)
2	0.0074	L	M	(0.0024, 0.2064, 0.7911)
3	0.7872	L	H	(0.8593, 0.1412, 0.0000)

续表

序号	规则权重	前提属性		评价结果
		Kurtosis	Skewness	$\{H_0, H_1, H_2\} = \{0, 0.5, 1\}$
4	0.1234	L	VH	(0.4321, 0.0241, 0.5437)
5	0.5475	M	L	(0.5337, 0.2487, 0.2176)
6	0.1000	M	M	(0.0906, 0.4545, 0.4549)
7	0.4248	M	H	(0.9963, 0.0020, 0.0017)
8	0.2738	M	VH	(0.9665, 0.0258, 0.0078)
9	0.9805	H	L	(0.3412, 0.4436, 0.2152)
10	0.6456	H	M	(0.0226, 0.2877, 0.6897)
11	0.0038	H	H	(0.0494, 0.1850, 0.7556)
12	0.5048	H	VH	(0.0062, 0.0211, 0.9727)
13	0.9379	VH	L	(0.7562, 0.2333, 0.0104)
14	0.5938	VH	M	(0.0039, 0.0000, 0.9962)
15	0.7029	VH	H	(0.0000, 0.0132, 0.9868)
16	0.1695	VH	VH	(0.0962, 0.1964, 0.7075)

　　航空发动机健康状态预测如图 4-6 所示。可以看出，更新后的 BRB3 输出在航空发动机的正常状态和中等故障状态存在波动，这是因为在数据获取的过程中，可能存在环境测试影响，如温度、湿度、试验台振动等。如果在建模过程中这些因素得到考虑，那么健康状态预测模型的输出波动就可以避免。

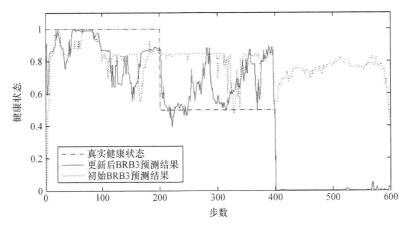

图 4-6　航空发动机健康状态预测

4.3.3　对比分析

为了验证本章提出的双层 BRB 健康状态预测模型的准确性，我们利用在评估与预测领域广泛应用的 BP 神经网络、模糊推理方法与双层 BRB 模型进行对比分析。

在 BP 神经网络健康状态预测模型中，训练数据与双层 BRB 模型设置一致，即初始 BP 神经网络训练次数为 10000、最小性能梯度为 10^{-4}、学习速率为 0.01。健康状态量化值同样设置为 1、0.5 和 0，分别代表正常、中等故障和严重故障。

如图 4-7 和图 4-8 所示，在初始时刻，BP 神经网络可以预测两个特征量的变化情况，但是随着特征量变化的加剧，BP 神经网络的预测输出不能很好地跟随真实数据变化，并且具有一定的延迟时间。与 BRB 时间序列预测模型输出相比，BP 神经网络的输出误差较大，峭度和歪度时间序列预测的均方误差分别为 0.6028 和 0.3343。基于 BRB 时间序列预测的峭度和歪度的均方误差分别为 0.0123 和 0.0039。由此可知，与 BP 神经网络相比，本章所提双层 BRB 模型的 BRB_layer1 具有良好的预测效果。

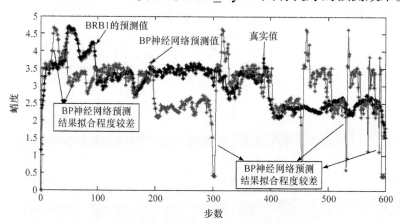

图 4-7　神经网络和 BRB 在峭度预测中的对比

在双层 BRB 的 BRB_layer2 中，BP 神经网络的健康状态预测精度同样需要提高。神经网络和 BRB 在航空发动机健康状态预测中的对比如图 4-9 所示。基于双层 BRB 的健康状态预测模型可以真实地预测航空发

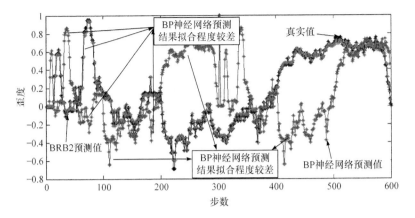

图 4-8 神经网络和 BRB 在歪度预测中的对比

动机的健康状态。然而，BP 神经网络的健康状态预测输出并不能很好地反映航空发动机的正常状态和中等故障状态。

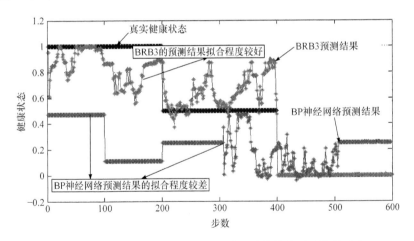

图 4-9 神经网络和 BRB 在航空发动机健康状态预测中的对比

通过上述对比，可以得出结论，与 BP 神经网络健康状态预测模型相比，本章提出的双层 BRB 健康状态预测模型可以更好地预测航空发动机的健康状态。

在模糊推理方法中，首先通过 BRB 对峭度和歪度进行预测，然后通过模糊推理方法进行健康状态评估。因此，在属性值的预测方面，模糊推理方法和双层 BRB 采用相同的方法，两者的区别在于健康状态评估时使用的方法不同。模糊推理方法的权系数矩阵采用 BRB3 优化后的置信度，如表 4-7 所示。图 4-10 所示为模糊推理和 BRB 在航空发动机健康状态预测中的对比结果。可以看出，在航空发动机健康状态的严重故障阶段，模糊推理方法的预测能力明显不如 BRB。

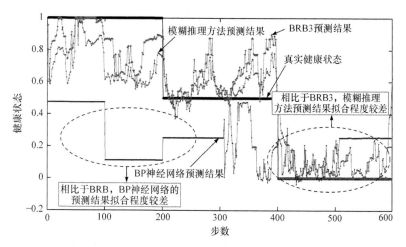

图 4-10　模糊推理和 BRB 在航空发动机健康状态预测中的对比

4.4　本章小结

本章提出了基于双层 BRB 的复杂机电系统健康状态预测模型。该模型通过两层 BRB 实现复杂机电系统的健康状态预测，利用 BRB_layer1 建立系统特征量时间序列预测模型，在预测特征量未来时刻变化的基础上，利用 BRB_layer2 建立复杂机电系统未来时刻健康状态评估模型，实现复杂机电系统未来时刻健康状态的综合预测。在双层 BRB 健康状态预测模型中，为了弥补专家知识的主观性，实现动态变化地反映复杂机电系统的健康状态，利用 P-CMA-ES 算法进行参数优化更新。最后，以某型航空发动机整机振动为例进行仿真实例分析，结果表明双层 BRB 模型可以很好地预测系统健康状态，并与 BP 神经网络方法、模糊推理方法进行对比分析，验证所提方法的准确性。

第5章 考虑特征量监测误差的复杂机电系统健康状态预测

5.1 引　言

在复杂机电系统健康状态预测的研究中，我们假设获取的监测数据是完全可靠的，可以真实反映特征量的变化。但是，在真实运行环境中，复杂机电系统监测数据往往存在外界环境干扰(如噪声、振动等)和传感器的跟踪能力退化引起的监测误差。这些误差是随机且不可预测的。这些特征量监测数据作为基于双层 BRB 的健康状态预测模型属性输入，会影响特征量属性表达真实信息的能力。为了提高复杂机电系统真实工况下健康状态预测模型的真实性和准确性，本章提出一种考虑特征量监测误差的复杂机电系统健康状态预测模型，且在提出的双层 BRB 健康状态预测模型的基础上，将特征量监测误差作为一种干扰因子，与双层 BRB 预测模型相融合，构造一种新的考虑特征量监测误差的 BRB 模型，更加真实地反映复杂机电系统的健康状态。

在监测过程中，假设特征量的监测数据受环境的干扰较小，传感器的跟踪能力较好，获取的特征量监测数据是可靠的，即数据的可靠度在此阶段为恒值。当特征量监测数据受到外部环境和传感器跟踪能力的干扰时，其观测值会出现一定的波动，因此可以通过数据波动反映特征量监测误差。在这方面，有许多方法可以实现对特征量监测误差的分析，如贝叶斯统计算法、基于方差的数据监测误差分析方法、基于距离的数据监测误差方法、基于标准差的数据监测误差分析方法、基于经验分布函数的数据监测误差分析方法等[123]。本章利用基于距离的方法对特征量的监测数据进行可靠度计算，并将计算结果作为干扰因子融合到复杂机电系统健康状态预测模型中，以求更真实地反映复杂机电系统在实际工况下的健康状态预测。

5.2 特征量监测误差描述

特征量的监测误差就是复杂机电系统特征量监测数据的波动情况。在复杂机电系统运行过程中，特征量的监测误差主要由两方面因素导致，即监测环境的干扰(噪声、振动等)与传感器跟踪能力的退化。如果将这些带有监测误差的数据输入双层 BRB 健康状态预测模型，将影响特征量前提属性表达真实信息的能力。这种误差称为健康状态预测模型的干扰因子。双层 BRB 健康状态预测模型特征量监测误差，即模型前提属性的干扰因子与特征量权重之间存在一定的区别。特征量权重作为表示特征量相对重要性的一个指标，可以反映专家对特征量重要性的主观判断。然而，特征量监测误差是输入特征量的一种固有属性，即特征量能够表达正确信息的能力，是特征量的一种客观反映。

例如，在航空发动机气路系统健康状态预测模型中，将低压转子转速、高压转子转速、燃油流量、风扇出口总压、风扇出口总温、压气机出口总温、高压涡轮出口总压、燃烧室出口总压、排气温度作为特征量输入。排气温度作为表征航空发动机性能的重要指标及依据，在整个健康状态预测模型中具有相对较高的权重。如果在某次航空发动机气路系统健康状态预测中，监测排气温度的传感器发生退化，或者飞机遇到的恶劣环境干扰排气温度的监测，可能导致排气温度监测数据失真，即排气温度特征量存在较大监测误差，即使对其他特征量的监测数据完全信任，也会影响健康状态预测的准确度。因此，在进行健康状态预测时，尤其是在复杂机电系统运行情况下进行在线健康状态预测时，特征量监测误差同 BRB 健康状态预测模型的其他参数一样，会影响复杂机电系统健康状态预测的精度。

综上，在考虑特征量监测误差的情况下，将监测误差视为健康状态预测模型的干扰因子，可建立健康特征量与系统健康状态之间的非线性关

系，即

$$\hat{y}(t+p) = f(\hat{x}_{1(t+p)}, \hat{x}_{2(t+p)}, \cdots, \hat{x}_{M(t+p)}, V, \varepsilon) \tag{5-1}$$

其中，$x_{nt}(n=1,2,\cdots,M)$ 为复杂机电系统的特征量；f 为非线性模型，即 BRB 模型；V 为模型参数；p 为预测步数；ε 为特征量监测误差集合，即 $\varepsilon = (\varepsilon_1, \varepsilon_2, \cdots, \varepsilon_M)$。

因此，本章研究的问题是如何计算特征量的监测误差，并在双层 BRB 健康状态预测模型的基础上，融合监测误差 ε，建立更准确、更真实的复杂机电系统健康状态预测模型。

5.3 考虑特征量监测误差的复杂机电系统健康状态预测模型

在双层 BRB 复杂机电系统健康状态预测模型的基础上，为了更加真实地反映真实工况下复杂机电系统的健康状态变化，考虑特征量监测数据的可靠性，本章建立考虑特征量监测误差的复杂机电系统健康状态预测模型，如图 5-1 所示。

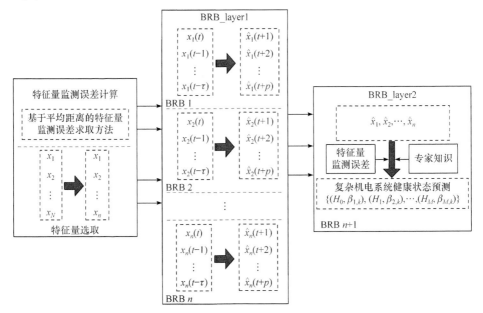

图 5-1 考虑特征量监测误差的复杂机电系统健康状态预测模型

下面对考虑特征量监测误差的复杂机电系统健康状态预测模型的具体建模过程进行详细描述。

5.3.1　基于距离的特征量监测误差计算

假设双层 BRB 健康状态预测模型的第 n 个输入属性的输入数据为 $x_n(1),\cdots,x_n(i),\cdots,x_n(I)$，$I$ 为输入数据的个数。计算每个数据与其他数据之间的距离，即

$$d_n(x_n(i),x_n(i'))=|x_n(i)-x_n(i')| \tag{5-2}$$

其中，$i,i'\in\{1,2,\cdots,I\}$。

计算数据 $x_n(i)$ 与其他数据之间的平均距离，即

$$D^n_{x_n(i)}=\frac{1}{I}\sum_{i'=1}^{I}d_n(x_n(i),x_n(i')) \tag{5-3}$$

通过平均距离反映数据波动的幅度大小，通过与数据间最大距离的比值反映该数据的监测误差，则第 n 个属性中第 i 个数据的监测误差为

$$\varepsilon^n_{x_n(i)}=\frac{D^n_{x_n(i)}}{\max(D^n_{x_n})} \tag{5-4}$$

因此，第 n 个特征量的监测误差 ε_n 可以通过其所有数据的监测误差得到，即

$$\varepsilon_n=\frac{1}{I}\sum_{i=1}^{I}\varepsilon^n_{x_n(i)} \tag{5-5}$$

5.3.2　考虑特征量监测误差的双层置信规则库建模

根据系统当前数据和历史数据，以及部分专家知识，建立系统特征量的时间序列预测模型，即 ε-BRB_layer1 为

$$\begin{aligned}
&R_k: \text{If } x(t) \text{ is } A^k_1 \wedge x(t-1) \text{ is } A^k_2 \wedge\cdots\wedge x(t-\tau) \text{ is } A^k_{\tau+1}\\
&\quad\quad \text{Then } x(t+1) \text{ is } \{(D_1,\beta_{1,k}),\cdots,(D_N,\beta_{N,k})\}\\
&\quad\quad \text{With disturbance factor } \varepsilon_1,\varepsilon_2,\cdots,\varepsilon_{t-\tau+1}
\end{aligned} \tag{5-6}$$

其中，ε 为输入特征量的监测误差。

假设共有 n 个特征量可以表征复杂机电系统的健康状态，建立系统的健康状态预测模型，第 k 条规则为

$$R_k : \text{If } x_1(t+1) \text{ is } A_1^k \wedge x_2(t+1) \text{ is } A_2^k \wedge \cdots x_n(t+1) \text{ is } A_n^k$$
$$\text{Then } \{(H_1, \beta_{1,k}), (H_2, \beta_{2,k}), \cdots, (H_N, \beta_{N,k})\} \quad (5\text{-}7)$$
$$\text{With a rule weight } \theta_k \text{ and attribute weight } \overline{\delta}_1, \overline{\delta}_2, \cdots, \overline{\delta}_n$$

5.3.3　融合特征量监测误差的置信规则库推理

本节在基于 ER 算法的 BRB 推理方法中，融合模型前提属性的监测误差，对本章提出的健康状态预测模型进行规则推理。

首先，计算前提属性匹配度。对于 BRB 模型前提属性的数据监测误差来说，其数值大小表示特征量包含真实反映复杂机电系统健康状态信息量的多少。因此，特征量数据的监测误差会直接影响前提属性第 i 个输入数据的匹配度 a_i^k。为了评估属性监测误差对匹配度的影响，我们提出一种新的前提属性权重 ϑ_i 的计算方法，即

$$\vartheta_i = \varsigma_i \delta_i + (1 - \varsigma_i)\varepsilon_i \quad (5\text{-}8)$$

其中，ϑ_i 包含两部分，即属性权重 δ_i 和观测数据监测误差 ε_i；属性权重 δ_i 表示特征量的相对重要程度，代表一种特征量的主观判断；观测数据监测误差 ε_i 表示在特征量中包含的干扰量，代表一种特征量的客观反映；ς_i 表示属性权重 δ_i 和监测误差 ε_i 之间的权重因子，在前提属性权重 ϑ_i 中，主观判断和客观反映两者之间的比例，且 $0 \leqslant \varsigma_i \leqslant 1$。

因此，在第 k 条规则中，输入相对于第 k 条规则的匹配度为

$$a_k = \prod_{i=1}^{T} (a_i^k)^{\vartheta_i} \quad (5\text{-}9)$$

其中，T 为第 k 条规则中包含的前提属性个数；a_i^k 为第 i 个输入的匹配度。

其次，计算置信规则激活权重。当属性的观测数据输入 BRB 后，BRB 中的部分规则被激活。其中，第 k 条规则的激活权重为

$$\omega_k = \frac{\theta_k a_k}{\sum_{l=1}^{L} \theta_l a_l}, \quad k = 1, 2, \cdots, L \quad (5\text{-}10)$$

其中，θ_k 为第 k 条规则的规则权重；a_l 为属性输入相对于第 l 条规则的匹配度；L 为规则库中规则的条数。

最后，利用 ER 算法进行推理。根据匹配度和激活权重的计算，利用 ER 算法进行规则的推理。

5.4　考虑特征量监测误差的航空发动机健康状态预测

为了验证本章提出的考虑特征量监测误差的复杂机电系统健康状态预测模型的有效性和准确性，利用第 4 章某型航空发动机整机振动实验进行仿真实验验证，即利用峭度和歪度，记为 x_1 和 x_2(图 4-7)作为某型航空发动机整机振动状况下的健康特征量，可建立发动机健康状态与特征量的非线性关系，即

$$\hat{y}(t+p) = f(\hat{x}_{1(t+p)}, \hat{x}_{2(t+p)}, V, \varepsilon_1, \varepsilon_2) \tag{5-11}$$

根据 5.3.1 节基于距离的特征量监测误差计算方法，计算特征量的监测误差，结果为 $\varepsilon_1 = 0.3500$、$\varepsilon_2 = 0.7836$。

首先，考虑监测误差，建立特征量的时间序列预测模型，即 ε_BRB_layer1 中的输入分别为峭度和歪度。我们假设 $p=1$，即对峭度和歪度进行一步预测。在 BRB_layer1 中，t 时刻的两个子 BRB，即 BRB1 和 BRB2 的输入属性分别为 $x_1(t)$、$x_1(t-1)$ 和 $x_2(t)$、$x_2(t-1)$，建立如下所示的两个 BRB，即

$$\begin{aligned}R_{1k}: &\text{If } x_1(t) \text{ is } A_1^k \wedge x_1(t-1) \text{ is } A_2^k \\&\text{Then } x_1(t+1) \text{ is } \{(D_{11}, \beta_{1,k}^1), \cdots, (D_{1N}, \beta_{N,k}^1)\} \\&\text{With disturbance factor } \varepsilon_{11}, \varepsilon_{12}\end{aligned} \tag{5-12}$$

$$\begin{aligned}R_{2k}: &\text{If } x_2(t) \text{ is } A_1^k \wedge x_2(t-1) \text{ is } A_2^k \\&\text{Then } x_2(t+1) \text{ is } \{(D_{21}, \beta_{1,k}^2), \cdots, (D_{2N}, \beta_{N,k}^2)\} \\&\text{With disturbance factor } \varepsilon_{21}, \varepsilon_{22}\end{aligned} \tag{5-13}$$

其中，ε_{11}、ε_{12} 为 BRB_layer1 中 BRB1 的前提属性数据监测误差；ε_{21}、ε_{22}

为 BRB_layer2 中 BRB2 的前提属性数据监测误差。

在 BRB1 和 BRB2 中，模型的前提属性为特征量的历史数据和当前时刻的数据，由特征量监测误差计算方法可知，$\varepsilon_{11} = \varepsilon_{12}$、$\varepsilon_{21} = \varepsilon_{22}$。

BRB_layer2 中的输入分别为 BRB1 和 BRB2 的输出，建立第二层 BRB 模型，即 BRB3，其中第 k 条规则为

R_k: If Kurtosis is A_1^k $\wedge$ Skewness is A_2^k

Then the health state is $\{(H_0, \beta_{1,k}), (H_1, \beta_{2,k}), (H_2, \beta_{3,k})\}$

With a rule weight θ_k, attribute weight δ_1, δ_2 and disturbance factor $\varepsilon_1, \varepsilon_2$

(5-14)

其中，Kurtosis 为峭度特征量序列预测值；Skewness 为歪度特征量时间序列预测值；θ_k 为规则权重；ε_1 和 ε_2 为前提属性峭度和歪度的监测误差。

同基于双层 BRB 的航空发动机健康状态预测一样，结合专家知识，确定峭度和歪度的参考值，如表 4-1 和表 4-2 所示。

由于前提属性峭度和歪度分别包含 4 个参考值，因此 BRB_layer1 中 BRB1 和 BRB2 的规则均为 16 条，初始值的参数设定也同基于双层 BRB 的健康状态预测相同，如表 4-3 所示。

在 BRB_layer2 中，每个前提属性的输入包含 4 个参考值，所以 BRB_layer2 包含 16 条规则。其初始值如表 4-6 所示。

建立式(5-15)所示的优化模型，即

$$\min \xi(V)$$

$$\text{s.t.} \quad \sum_{n=1}^{N} \beta_{n,k} = 1$$

$$0 \leqslant \beta_{n,k} \leqslant 1, \quad k = 1, 2, \cdots, L$$

$$0 \leqslant \delta_i \leqslant 1, \quad i = 1, 2, \cdots, M \qquad (5\text{-}15)$$

$$0 \leqslant \theta_k \leqslant 1$$

$$0 \leqslant \varsigma_i \leqslant 1$$

其中，$\xi(V) = \dfrac{1}{T-p} \sum_{t=p+1}^{T} (y(t) - \hat{y}(t))^2$ 为模型的实际输出与真实输出之间的均方差，p 为预测步数，$p = 1$。

通过使用 P-CMA-ES 算法，对 BRB_layer1 中 BRB1 和 BRB2 的初始参数进行训练。其中，训练数据选取 300 组，测试数据选取 600 组。在 BRB1 中，监测误差的干扰因子为 0.6556 和 0.0564，BRB2 中的监测误差的干扰因子为 0.6003 和 0.2981。BRB_layer1 中 BRB1 经过优化更新的参数值和 BRB2 经过训练的参数值如表 5-1 和表 5-2 所示。通过使用训练之后的 BRB_layer1 对峭度和歪度进行预测，BRB_layer1 峭度时间序列预测结果如图 5-2 所示，BRB_layer1 歪度时间序列预测结果如图 5-3 所示。

表 5-1　BRB_layer1 中 BRB1 经过优化更新的参数值

| 序号 | 规则权重 | 前提属性 | | 评价结果 |
		$x(t)$	$x(t-1)$	$\{D_1, D_2, D_3, D_4\}$
1	0.5540	L	L	(0.3085, 0.2468, 0.1244, 0.3203)
2	0.3813	L	M	(0.1059, 0.3483, 0.3248, 0.2210)
3	0.3137	L	H	(0.0564, 0.3910, 0.1649, 0.3877)
4	0.3749	L	VH	(0.3797, 0.1990, 0.1490, 0.2724)
5	0.1764	M	L	(0.1175, 0.0506, 0.4287, 0.4031)
6	0.7531	M	M	(0.3302, 0.4274, 0.2222, 0.0202)
7	0.6652	M	H	(0.1292, 0.6247, 0.1539, 0.0923)
8	0.2461	M	VH	(0.2626, 0.2918, 0.2875, 0.1582)
9	0.2598	H	L	(0.3215, 0.3045, 0.1432, 0.2308)
10	0.6537	H	M	(0.1221, 0.1963, 0.2442, 0.4373)
11	0.5881	H	H	(0.0939, 0.2716, 0.3813, 0.2531)
12	0.5192	H	VH	(0.3992, 0.0288, 0.4498, 0.1221)
13	0.9545	VH	L	(0.4450, 0.3623, 0.0895, 0.1032)
14	0.0679	VH	M	(0.1878, 0.2781, 0.4365, 0.0976)
15	0.1538	VH	H	(0.1241, 0.4085, 0.3400, 0.1274)
16	0.7131	VH	VH	(0.0264, 0.0412, 0.0627, 0.8696)

表 5-2　BRB_layer1 中 BRB2 经过训练的参数值

| 序号 | 规则权重 | 前提属性 | | 评价结果 |
		$x(t)$	$x(t-1)$	$\{D_1, D_2, D_3, D_4\}$
1	1	L	L	(0.8310, 0.0419, 0.0254, 0.1017)
2	1	L	M	(0.9458, 0.0250, 0.0032, 0.0260)

续表

序号	规则权重	前提属性		评价结果
		$x(t)$	$x(t-1)$	$\{D_1, D_2, D_3, D_4\}$
3	1	L	H	(0.1984, 0.0715, 0.1221, 0.6080)
4	1	L	VH	(0.0485, 0.2319, 0.6435, 0.0761)
5	1	M	L	(0.2142, 0.1639, 0.5694, 0.0525)
6	1	M	M	(0.2891, 0.5009, 0.1901, 0.0199)
7	1	M	H	(0.4689, 0.1729, 0.2402, 0.1180)
8	1	M	VH	(0.7118, 0.0502, 0.1330, 0.1050)
9	1	H	L	(0.3675, 0.0738, 0.2621, 0.2966)
10	1	H	M	(0.0003, 0.0598, 0.2770, 0.6629)
11	1	H	H	(0.1366, 0.1522, 0.0282, 0.6830)
12	1	H	VH	(0.0291, 0.2798, 0.1191, 0.5720)
13	1	VH	L	(0.0580, 0.1138, 0.3287, 0.4996)
14	1	VH	M	(0.5914, 0.0541, 0.0846, 0.2699)
15	1	VH	H	(0.1711, 0.2075, 0.0170, 0.6044)
16	1	VH	VH	(0.0362, 0.0345, 0.0494, 0.8799)

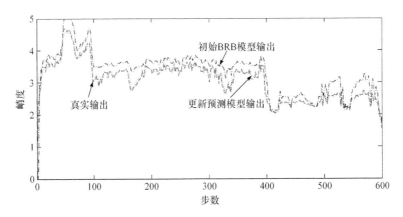

图 5-2　BRB_layer1 峭度时间序列预测结果

从图 5-2 和图 5-3 可以看出，考虑特征量监测误差的 BRB 可以较好地对峭度和歪度特征量进行预测。较初始 BRB 模型而言，训练之后的 BRB 模型可以更好地预测特征量的变化。

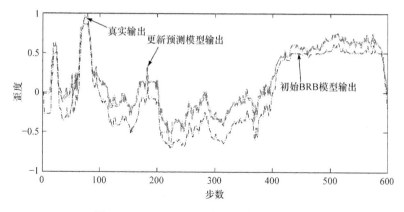

图 5-3　BRB_layer1 歪度时间序列预测结果

我们将 BRB_layer1 的输出作为 BRB_layer2 的输入，对航空发动机健康状态进行预测。其中，BRB_layer2 中 BRB 的初始值如表 4-6 所示。在 BRB_layer1 的输出中选取 300 组作为 BRB_layer2 的训练数据，对初始的 BRB_layer2 模型进行训练。BRB3 优化更新的参数值如表 5-3 所示。其监测误差的干扰因子为 0.8613 和 0.7393。BRB_layer2 预测结果如图 5-4 所示，表示训练之后的 BRB_layer2 对航空发动机健康状态的预测值与初始 BRB 预测值之间的对比关系。可以看出，经过训练之后的 BRB_layer2 可以对航空发动机的健康状态进行更为准确的预测。

表 5-3　BRB_layer2 中 BRB3 优化更新的参数值

序号	规则权重	前提属性		评价结果
		Kurtosis	Skewness	$\{H_0, H_1, H_2\} = \{0, 0.5, 1\}$
1	0.9965	L	L	(0.0000, 0.1593, 0.8462)
2	0.0099	L	M	(0.0212, 0.1569, 0.8219)
3	0.1013	L	H	(0.0361, 0.2291, 0.7348)
4	0.2536	L	VH	(0.4469, 0.3398, 0.2133)
5	0.1990	M	L	(0.5662, 0.1116, 0.3222)
6	0.0142	M	M	(0.4985, 0.0141, 0.4874)
7	0.5048	M	H	(0.9962, 0.0026, 0.0013)
8	0.0743	M	VH	(0.4570, 0.2529, 0.2901)
9	0.9909	H	L	(0.4005, 0.4576, 0.1419)
10	0.7979	H	M	(0.0000, 0.1438, 0.8585)

续表

| 序号 | 规则权重 | 前提属性 | | 评价结果 |
		Kurtosis	Skewness	$\{H_0, H_1, H_2\} = \{0, 0.5, 1\}$
11	0.1151	H	H	(0.1535, 0.0125, 0.8340)
12	0.1258	H	VH	(0.2686, 0.5085, 0.2229)
13	0.8064	VH	L	(0.0000, 0.0317, 0.9728)
14	0.0195	VH	M	(0.3481, 0.3634, 0.2885)
15	0.0134	VH	H	(0.1909, 0.0345, 0.7747)
16	0.5167	VH	VH	(0.0001, 0.0183, 0.9816)

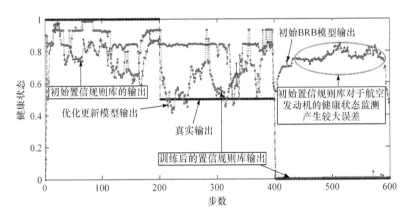

图 5-4　BRB_layer2 预测结果

为了进一步验证考虑特征量监测误差的健康状态预测模型的准确性，在 BRB 模型的初始值和参数更新模型相同的情况下，对考虑特征监测误差的 BRB 模型和传统的 BRB 模型进行对比。如图 5-5 所示，在对航空发

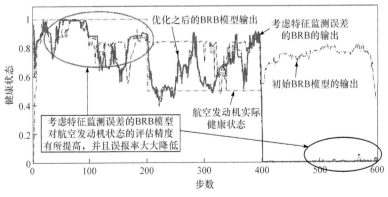

图 5-5　对比分析

动机健康状态预测中，考虑特征监测误差的 BRB 模型更加接近航空发动机真实的健康状态，可以减小误报率。

5.5　本章小结

本章提出一种考虑特征量监测误差的复杂机电系统健康状态预测模型。该模型充分考虑复杂机电系统在实际工况下的前提属性可靠度问题，提高复杂机电系统健康状态预测的精度，更加具有工程研究意义与应用价值。本章通过某型航空发动机整机振动进行仿真实验分析。结果表明了所提方法的有效性与准确性。

第6章 考虑工况变化的复杂机电系统健康状态预测

很多复杂机电系统的工况在工作时间内是变化的，这导致特征量的参考范围也发生变化。如果用单一的模型对其进行健康状态预测，会造成预测的不准确性。以航空发动机为例，飞机在运行时会经历起飞、匀速航行、降落等不同的运动状态，使航空发动机处于不同的工况条件。在对航空发动机进行健康状态预测时，如果忽略工况变化对航空发动机健康状态的影响，那么得到的航空发动机健康状态预测结果的精度就会很低。因此，本章提出一种考虑工况变化的复杂机电系统健康状态预测模型，首先基于时域特征实现对系统的工况划分，然后利用BRB实现系统的健康状态预测。

6.1 考虑工况变化的复杂机电系统健康状态预测模型

下面以航空发动机中关键系统(气路系统)的健康状态预测为例，说明本章的建模思路及过程。飞机在运行时会经历爬升、匀速航行、降落等不同的运行状态，伴随着飞机运行状态的变化，航空发动机气路系统处于不同工况，即 $l_i \in L, i = 1, 2, \cdots, m$ ，其中 L 为所有工况构成的集合， m 为工况数目。不同的工况条件 l_i 对航空发动机气路系统的健康状态特征量的影响程度不同。因此，在基于 BRB 建模的过程中，对不同的工况条件，需要确定不同范围的参考值，从而实现在工况变化条件下对航空发动机气路系统健康状态的预测。

为了解决上述问题,本章提出一种考虑工况变化的复杂机电系统健康状态预测模型，如图 6-1 所示。本章提出的健康状态预测模型主要包括两个部分。第一部分是基于时域特征的系统工况划分，并为不同的工况条件设定不同范围的参考值。第二部分是基于双层 BRB 实现在变工况条件下复杂机电系统的健康状态预测。

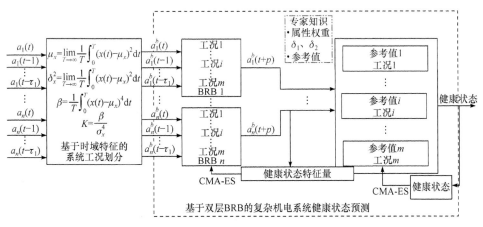

图 6-1　变工况下复杂机电系统健康状态预测模型

1. 基于时域特征的系统工况划分

信号的时域特征分析是将健康状态特征量监测数据看作一个按时间顺序排列的序列，通过计算分析数据中存在的隐含信息。其中，有量纲参数指标和设备的运行状态有关，能够描述设备的实际运动情况，如设备运行时的速度、加速度等。无量纲参数指标对数据的幅值和频率的变化均不敏感，虽然无法描述设备的实际运行状态，但是对监测数据的变化过程十分敏感。在无量纲参数指标中，峭度能够表征数据概率密度函数峰顶的陡峭程度，从而表征监测数据中受到的冲击分量的大小[124]。

以航空发动机气路系统为例，随着飞机运行时控制参数的改变，航空发动机气路系统会处于不同的工况。不同工况下，航空发动机气路系统受到的冲击程度是不一样的，这导致航空发动机气路系统监测数据发生不同程度的变化。由于峭度指标可以表征已知的时间序列数据受到冲击分量的大小，因此可以通过计算健康状态特征量监测数据的峭度描述航空发动机气路系统的工况变化情况。图 6-2 所示为基于时域特征的航空发动机气路系统工况划分示意图。监测数据的峭度指标计算过程如下，即

$$\mu_x = \lim_{T \to \infty} \frac{1}{T} \int_0^T (x(t) - \mu_x)^2 \mathrm{d}t \tag{6-1}$$

$$\delta_x^2 = \lim_{T \to \infty} \frac{1}{T} \int_0^T (x(t) - \mu_x)^2 \mathrm{d}t \qquad (6\text{-}2)$$

$$\beta = \frac{1}{T} \int_0^T (x(t) - \mu_x)^4 \mathrm{d}t \qquad (6\text{-}3)$$

$$K = \frac{\beta}{\sigma_x^4} \qquad (6\text{-}4)$$

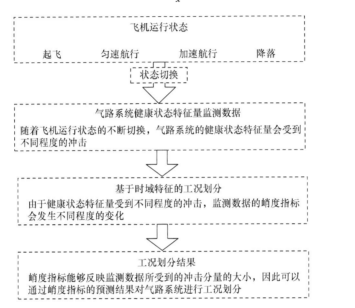

图 6-2　基于时域特征的航空发动机气路系统工况划分示意图

2. 基于双层置信规则库的健康状态预测

基于上述工况划分结果，结合专家知识为不同工况设置不同的参考值范围，基于双层 BRB 建立某个工况下的健康状态预测模型。具体过程在第 4 章已详细描述，本章不再赘述。

6.2　仿真案例分析

本节以变工况下航空发动机气路系统健康状态预测为例进行仿真案例分析，以美国国家航空航天局(National Aeronautics and Space Administration，NASA)无标签公开数据集对建立的模型进行验证。由于 NASA 公开数据集是在模拟航空发动机真实运动状态条件下产生的，因此监测数据中存在大量噪声，需要对健康状态特征量进行滤波处理。滤波前后航空发动机气路系统健康状态特征量 1 和 2 监测数据对比情况如图 6-3 和图 6-4 所示。

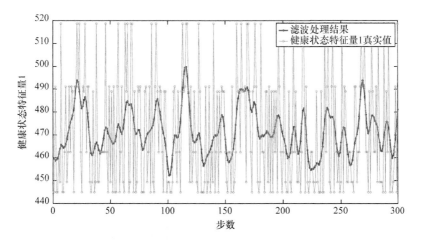

图 6-3　航空发动机气路系统健康状态特征量 1 监测数据对比

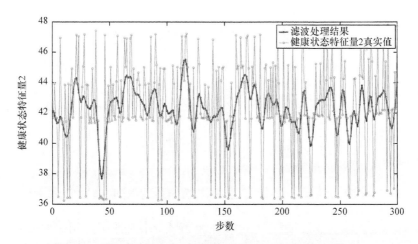

图 6-4　航空发动机气路系统健康状态特征量 2 监测数据对比

6.2.1　基于时域特征分析的航空发动机气路系统健康状态特征量工况划分

飞机运行时，随着油门当量、升角大小等控制参数的不断改变，健康状态特征量监测数据会受到不同程度的冲击。除此之外，NASA 公开数据集没有对变化的工况进行标记。因此，需要对航空发动机气路系统健康状态特征量监测数据采用基于时域特征的健康状态特征量工况进行划分。在监测数据时域特征的众多参数指标中，峭度指标能够表征数据受到冲击的大小。因此，将健康状态特征量监测数据按照时间顺序以每五个监测数据为一组，通过计算两个健康状态特征量的峭度指标，即可表征航空发动机气路系统的工况变化情况。航空发动机气路系统健康状态特征量峭度指标如图 6-5 所示。

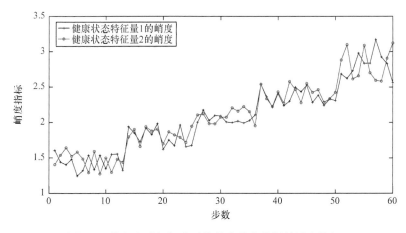

图 6-5　航空发动机气路系统健康状态特征量峭度指标

由图 6-5 可知，上述两个健康状态特征量峭度指标随着时间的变化呈现梯度上升趋势，经历五个不同的阶段。五个阶段占用的时间相等，因此结合上述峭度指标计算结果可以将两个健康状态特征量按照时间顺序均分为五等分，并且用工况 1～工况 5 表示航空发动机气路系统经历的五个不同工况。

6.2.2　基于双层置信规则库的航空发动机气路系统健康状态预测

基于上述对航空发动机气路系统健康状态特征量的工况划分结果，利用专家知识为不同的工况设定不同范围的参考值，用 N、M、H、VH 表示正常、中等、高、很高等不同的含义，建立第一层 BRB，对航空发动机气路系统健康状态特征量进行时间序列预测。考虑工况变化，航空发动机气路系统健康状态特征量量化值如表 6-1 所示。

表 6-1　考虑工况变化航空发动机气路系统健康状态特征量量化值

工况编号	健康状态特征量 1				健康状态特征量 2			
	N	M	H	VH	N	M	H	VH
1	456	471	485	500	37.67	39.88	42.09	44.31
2	448	467	486	505	41.24	42.67	44.10	45.52
3	452	467	482	497	39.59	41.23	42.87	44.51
4	453	465	477	490	39.85	41.06	42.27	43.48
5	454	469	484	500	39.97	41.32	42.67	44.03

在航空发动机气路系统健康状态特征量时间序列预测模型中，延迟步数 $\tau=2$，预测步数 $p=1$，由于两个健康状态特征量 $x(t)$ 都存在四个参考值，因此 $x(t-\tau)$ 同样存在四个参考值。对健康状态特征量进行时间序列预测时，一共存在 16 条规则。根据专家知识给定两个健康状态特征量相同的初始置信度，即 BRB-1 和 BRB-2 的初始置信度如表 6-2 所示。

表 6-2　航空发动机气路系统健康状态特征量初始置信度

规则编号	$x(t)$ AND $x(t-1)$	置信度 $\{D_1, D_2, D_3, D_4\}$
1	N AND N	{0, 0.5, 0.5, 0}
2	N AND M	{0.8, 0, 0.2, 0}
3	N AND H	{0.1, 0, 0.9, 0}
4	N AND VH	{0.7, 0, 0.3, 0}
5	M AND N	{0.5, 0, 0.5, 0}
6	M AND M	{0.5, 0.5, 0, 0}
7	M AND H	{0, 1, 0, 0}
8	M AND VH	{0, 0, 0.5, 0.5}
9	H AND N	{0.7, 0, 0.3, 0}
10	H AND M	{0, 0.4, 0.6, 0}
11	H AND H	{0, 0, 1, 0}
12	H AND VH	{0, 0, 0.5, 0.5}
13	VH AND N	{0, 0, 0, 1}
14	VH AND M	{0.1, 0, 0.9, 0}
15	VH AND H	{0, 0, 1, 0}
16	VH AND VH	{0.5, 0, 0, 0.5}

　　为了提高预测结果的准确性，对模型初始参数进行优化。选择每个健康状态中的 150 个数据作为训练数据，种群大小设置为 40。本章利用 CMA-ES 算法对专家给定的初始参数进行优化，迭代次数 500，模型更新后 BRB-1 和 BRB-2 的置信度如表 6-3 和表 6-4 所示。

表 6-3　更新后 BRB-1 的置信度

规则数目	$x(t)$ AND $x(t-1)$	置信度 $\{D_1, D_2, D_3, D_4\}$
1	N AND N	{0.067471, 0.444641, 0.412738, 0.07515}
2	N AND M	{0.284484, 0.306296, 0.217246, 0.191974}
3	N AND H	{0.283654, 0.12222, 0.282109, 0.312018}
4	N AND VH	{0.528186, 0.205603, 0.209657, 0.056554}
5	M AND N	{0.837629, 0.108553, 0.02377, 0.030048}
6	M AND M	{0.410296, 0.314038, 0.03181, 0.243856}
7	M AND H	{0.089721, 0.161532, 0.324373, 0.424373}
8	M AND VH	{0.085559, 0.280462, 0.190165, 0.443814 }
9	H AND N	{0.133626, 0.592918, 0.111606, 0.161849}
10	H AND M	{0.020687, 0.232157, 0.375878, 0.371278}
11	H AND H	{0.191792, 0.061321, 0.08299, 0.663897}
12	H AND VH	{0.247792, 0.321502, 0.132951, 0.297755}
13	VH AND N	{0.206588, 0.149312, 0.246661, 0.397439}
14	VH AND M	{0.145951, 0.180765, 0.106762, 0.566522}
15	VH AND H	{0.468404, 0.268239, 0.092345, 0.171013}
16	VH AND VH	{0.034978, 0.051346, 0.118371, 0.795306}

表 6-4　更新后 BRB-2 的置信度

规则数目	$x(t)$ AND $x(t-1)$	置信度 $\{D_1, D_2, D_3, D_4\}$
1	N AND N	{0.067471, 0.444641, 0.412738,0.07515}
2	N AND M	{0.284484, 0.306296, 0.217246,0.191974}
3	N AND H	{0.283654, 0.12222, 0.282109, 0.312018}
4	N AND VH	{0.528186, 0.205603, 0.209657, 0.056554}
5	M AND N	{0.837629, 0.108553, 0.02377, 0.030048}
6	M AND M	{0.410296, 0.314038, 0.03181, 0.243856}
7	M AND H	{0.089721,0.161532, 0.324373, 0.424373}

续表

规则数目	$x(t)$ AND $x(t-1)$	置信度 $\{D_1, D_2, D_3, D_4\}$
8	M AND VH	{0.085559, 0.280462, 0.190165, 0.443814}
9	H AND N	{0.133626, 0.592918, 0.111606, 0.161849}
10	H AND M	{0.020687, 0.232157, 0.375878, 0.371278}
11	H AND H	{0.191792, 0.061321, 0.08299, 0.663897}
12	H AND VH	{0.247792, 0.321502, 0.132951, 0.297755}
13	VH AND N	{0.206588, 0.149312　0.246661, 0.397439}
14	VH AND M	{0.145951, 0.180765, 0.106762, 0.566522}
15	VH AND H	{0.468404, 0.268239, 0.092345, 0.171013}
16	VH AND VH	{0.034978, 0.051346, 0.118371, 0.795306}

　　将所有的数据作为测试数据, 对航空发动机气路系统健康状态特征量进行时间序列预测。变工况下健康状态特征量 1 时间序列预测结果如图 6-6 所示。变工况下健康状态特征量 2 时间序列预测结果如图 6-7 所示。由此可知, 经过优化后的健康状态特征量时间序列预测结果能够有效弥补专家知识主观性导致的健康状态特征量结果预测精度低的问题。

　　健康状态特征量时间序列预测结果均方根误差值如表 6-5 所示。优化后的健康状态特征量时间序列预测结果具有更高的精度。

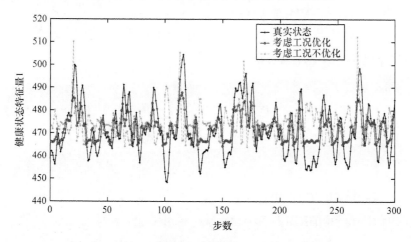

图 6-6　变工况下健康状态特征量 1 时间序列预测结果

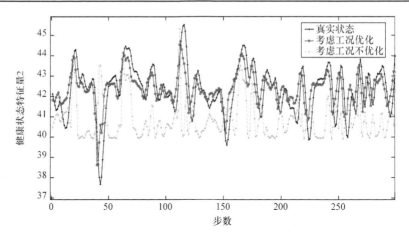

图 6-7　变工况下健康状态特征量 2 时间序列预测结果

表 6-5　健康状态特征量时间序列预测结果均方根误差值

参数	考虑工况不优化	考虑工况优化
健康状态特征量 1	5.9126	3.0266
健康状态特征量 2	0.8275	0.7813

对航空发动机气路系统健康状态特征量语义值进行量化，结果为
$\{D_0, D_1, D_2, D_3, D_4\} = \{1, 0.75, 0.50, 0.25, 0\}$，其中 D_i 表示航空发动机气路系统不同的健康状态等级。用 F_1 和 F_2 表示航空发动机气路系统两个不同的健康状态特征量，利用 BRB 融合健康状态特征量监测数据和专家先验知识，实现对航空发动机气路系统健康状态的预测，建立的航空发动机气路系统健康状态预测模型(BRB-3)为

R_k^q:If F_1 is $A_1^k \wedge F_2$ is A_2^k

Then the health state is $\{(D_0, \beta_{1,k}), (D_1, \beta_{2,k}), (D_3, \beta_{3,k}), (D_4, \beta_{4,k}), (D_5, \beta_{5,k})\}$

With a rule weight θ_k and attribute weight $\delta_1, \delta_2, \delta_3, \delta_4, \delta_5$

$$(6-5)$$

其中，A_1^k 和 A_2^k 为工况 q 条件下两个健康状态特征量的参考值。

将 BRB-1 和 BRB-2 健康状态特征量时间序列预测结果输出作为 BRB-3 的输入，融合两个健康状态特征量对航空发动机气路系统进行健康状态预测。其参考值设定如表 6-1 所示。由于两个健康状态特征量所设置的参考点都是四个，因此航空发动机气路系统健康状态预测模型中同样存在 16 条规则。BRB-3 初始置信度如表 6-6 所示。

表 6-6　BRB-3 初始置信度

规则编号	$x(t)$ AND $x(t-1)$	置信度 $\{D_1, D_2, D_3, D_4\}$
1	N AND N	{0, 0.1, 0, 0.9}
2	N AND M	{0.6, 0, 0, 0.4}
3	N AND H	{0, 0.7, 0, 0.3}
4	N AND VH	{0.1, 0, 0.9, 0}
5	M AND N	{0.2, 0, 0, 0.8}
6	M AND M	{0.5, 0.5, 0, 0}
7	M AND H	{0, 1, 0, 0}
8	M AND VH	{0, 0, 0.5, 0.5}
9	H AND N	{0, 0.2, 0.8, 0}
10	H AND M	{0, 0.4, 0.6, 0}
11	H AND H	{0.7, 0, 0.3, 0}
12	H AND VH	{0, 0, 0.5, 0.5}
13	VH AND N	{0.4, 0, 0.6, 0}
14	VH AND M	{0.8, 0, 0, 0.2}
15	VH AND H	{0, 0, 1, 0}
16	VH AND VH	{0.3, 0, 0, 0.7}

对于 BRB-3，同样选择 CMA-ES 算法对专家给定的初始参数进行优化。种群数量设置为 66，迭代次数设置为 500，更新后的 BRB-3 置信度如表 6-7 所示。不同工况下航空发动机气路系统健康状态预测结果如图 6-8 所示。

表 6-7　更新后的 BRB-3 置信度

规则编号	$x(t)$ AND $x(t-1)$	置信度 $\{D_1, D_2, D_3, D_4\}$
1	N AND N	{0.067471, 0.444641, 0.412738, 0.07515}
2	N AND M	{0.284484, 0.306296, 0.217246, 0.191974}
3	N AND H	{0.283654, 0.12222, 0.282109, 0.312018}

规则编号	$x(t)$ AND $x(t-1)$	置信度 $\{D_1, D_2, D_3, D_4\}$
4	N AND VH	{0.528186, 0.205603, 0.209657, 0.056554}
5	M AND N	{0.837629, 0.108553, 0.02377, 0.030048}
6	M AND M	{0.410296, 0.314038, 0.03181, 0.243856}
7	M AND H	{0.089721, 0.161532, 0.324373, 0.424373}
8	M AND VH	{0.085559, 0.280462, 0.190165, 0.443814}
9	H AND N	{0.133626, 0.592918, 0.111606, 0.161849}
10	H AND M	{0.020687, 0.232157, 0.375878, 0.371278}
11	H AND H	{0.191792, 0.061321, 0.08299, 0.663897}
12	H AND VH	{0.247792, 0.321502, 0.132951, 0.297755}
13	VH AND N	{0.206588, 0.149312 0.246661, 0.397439}
14	VH AND M	{0.145951, 0.180765, 0.106762, 0.566522}
15	VH AND H	{0.468404, 0.268239, 0.092345, 0.171013}
16	VH AND VH	{0.034978, 0.051346, 0.118371, 0.795306}

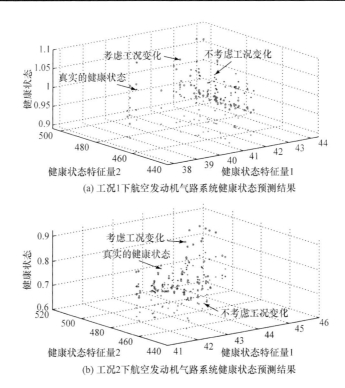

(a) 工况1下航空发动机气路系统健康状态预测结果

(b) 工况2下航空发动机气路系统健康状态预测结果

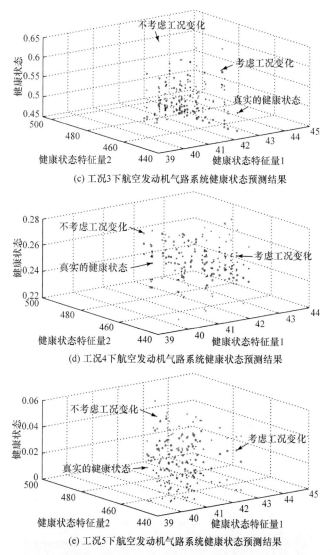

(c) 工况3下航空发动机气路系统健康状态预测结果

(d) 工况4下航空发动机气路系统健康状态预测结果

(e) 工况5下航空发动机气路系统健康状态预测结果

图 6-8 不同工况下航空发动机气路系统健康状态预测结果

　　为了更加直观地反映航空发动机气路系统的健康状态预测结果,对上述不同工况条件下的健康状态预测结果进行整合。变工况下航空发动机气路系统健康状态预测整体效果如图 6-9 所示。

　　通过计算上述两个健康状态预测结果的均方根误差,可知优化后的结果具有更高的精度。健康状态预测模型预测结果的均方根误差如表 6-8 所示。

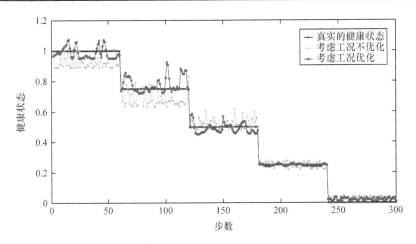

图 6-9　变工况下航空发动机气路系统健康状态预测整体效果

表 6-8　健康状态预测模型预测结果的均方根误差

预测模型	初始模型结果	优化后的结果
均方根误差	2.8215	2.5221

6.2.3　对比分析

　　为了验证考虑工况变化的航空发动机气路系统健康状态预测模型的准确性,设置不考虑工况变化的航空发动机气路系统健康状态预测模型作为对比分析。不考虑工况变化的健康状态特征量参考值如表 6-9 所示。

表 6-9　不考虑工况变化的健康状态特征量参考值

参数	语义值			
	N	M	H	VH
健康状态特征量 1	448	467	486	505
健康状态特征量 2	37.67	40.29	42.91	45.52

　　不考虑工况变化健康状态预测模型的初始置信度由专家给定,为了弥补专家知识的主观性,同样采用 CMA-ES 算法对由专家给出的初始置信度进行优化。优化后不考虑工况变化的 BRB-1 和 BRB-2 置信度如表 6-10 和表 6-11 所示。

表 6-10　优化后不考虑工况变化的 BRB-1 置信度

规则编号	$x(t)$ AND $x(t-1)$	置信度 $\{D_1, D_2, D_3, D_4\}$
1	N AND N	{0.067471, 0.444641, 0.412738, 0.07515}
2	N AND M	{0.284484, 0.306296, 0.217246, 0.191974}
3	N AND H	{0.283654, 0.12222, 0.282109, 0.312018}
4	N AND VH	{0.528186, 0.205603, 0.209657, 0.056554}
5	M AND N	{0.837629, 0.108553, 0.02377, 0.030048}
6	M AND M	{0.410296, 0.314038, 0.03181, 0.243856}
7	M AND H	{0.089721, 0.161532, 0.324373, 0.424373}
8	M AND VH	{0.085559, 0.280462, 0.190165, 0.443814}
9	H AND N	{0.133626, 0.592918, 0.111606, 0.161849}
10	H AND M	{0.020687, 0.232157, 0.375878, 0.371278}
11	H AND H	{0.191792, 0.061321, 0.08299, 0.663897}
12	H AND VH	{0.247792, 0.321502, 0.132951, 0.297755}
13	VH AND N	{0.206588, 0.149312, 0.246661, 0.397439}
14	VH AND M	{0.145951, 0.180765, 0.106762, 0.566522}
15	VH AND H	{0.468404, 0.268239, 0.092345, 0.171013}
16	VH AND VH	{0.034978, 0.051346, 0.118371, 0.795306}

表 6-11　优化后不考虑工况变化的 BRB-2 置信度

规则数目	$x(t)$ AND $x(t-1)$	置信度 $\{D_1, D_2, D_3, D_4\}$
1	N AND N	{0.067471, 0.444641, 0.412738, 0.07515}
2	N AND M	{0.284484, 0.306296, 0.217246, 0.191974}
3	N AND H	{0.283654, 0.12222, 0.282109, 0.312018}
4	N AND VH	{0.528186, 0.205603, 0.209657, 0.056554}
5	M AND N	{0.837629, 0.108553, 0.02377, 0.030048}
6	M AND M	{0.410296, 0.314038, 0.03181, 0.243856}
7	M AND H	{0.089721, 0.161532, 0.324373, 0.424373}
8	M AND VH	{0.085559, 0.280462, 0.190165, 0.443814}
9	H AND N	{0.133626, 0.592918, 0.111606, 0.161849}
10	H AND M	{0.020687, 0.232157, 0.375878, 0.371278}
11	H AND H	{0.191792, 0.061321, 0.08299, 0.663897}
12	H AND VH	{0.247792, 0.321502, 0.132951, 0.297755}

续表

规则数目	$x(t)$ AND $x(t-1)$	置信度 $\{D_1, D_2, D_3, D_4\}$
13	VH AND N	{0.206588, 0.149312, 0.246661, 0.397439}
14	VH AND M	{0.145951, 0.180765, 0.106762, 0.566522}
15	VH AND H	{0.468404, 0.268239, 0.092345, 0.171013}
16	VH AND VH	{0.034978, 0.051346, 0.118371, 0.795306}

经过优化，健康状态特征量 1 和特征量 2 时间序列预测结果对比如图 6-10 和图 6-11 所示。

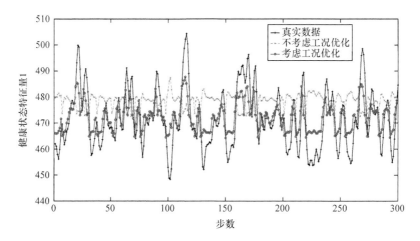

图 6-10　健康状态特征量 1 时间序列预测结果对比

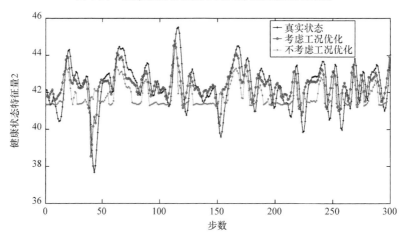

图 6-11　健康状态特征量 2 时间序列预测结果对比

　　由仿真结果可知，考虑工况变化的健康状态特征量时间序列预测结果能够更好地拟合真实值。不考虑工况变化的健康状态特征量时间序列预测结果虽然能够在整体上实现对健康状态特征量的跟随，但是由于忽略了工况变化的影响，健康状态预测结果存在局部无法预测的现象。健康状态特征量时间序列预测结果均方根误差如表 6-12 所示。由此可知，考虑工况变化的健康状态特征量时间序列预测模型具有更高的精度。

表 6-12　健康状态特征量时间序列预测结果均方根误差

参数	不考虑工况优化	考虑工况优化
健康状态特征量 1	7.6868	3.0266
健康状态特征量 2	1.2966	0.7813

　　将不考虑工况变化的航空发动机气路系统的健康状态预测结果进行相同的量化处理，量化结果 $\{D_0, D_1, D_2, D_3, D_4\} = \{1, 0.75, 0.50, 0.25, 0\}$，其中 D_i 表示航空发动机气路系统不同的健康状态等级。通过建立第二层 BRB 预测模型，其初始置信度如表 6-6 所示。更新后的健康状态预测模型置信度如表 6-13 所示。

表 6-13　更新后的健康状态预测模型置信度

规则编号	$x(t)$ AND $x(t-1)$	置信度 $\{D_1, D_2, D_3, D_4\}$
1	N AND N	{0.067471, 0.444641, 0.412738, 0.07515}
2	N AND M	{0.284484, 0.306296, 0.217246, 0.191974}
3	N AND H	{0.283654, 0.12222, 0.282109, 0.312018}
4	N AND VH	{0.528186, 0.205603, 0.209657, 0.056554}
5	M AND N	{0.837629, 0.108553, 0.02377, 0.030048}
6	M AND M	{0.410296, 0.314038, 0.03181, 0.243856}
7	M AND H	{0.089721, 0.161532, 0.324373, 0.424373}
8	M AND VH	{0.085559, 0.280462, 0.190165, 0.443814}
9	H AND N	{0.133626, 0.592918, 0.111606, 0.161849}
10	H AND M	{0.020687, 0.232157, 0.375878, 0.371278}
11	H AND H	{0.191792, 0.061321, 0.08299, 0.663897}

续表

规则编号	$x(t)$ AND $x(t-1)$	置信度 $\{D_1, D_2, D_3, D_4\}$
12	H AND VH	{0.247792, 0.321502, 0.132951, 0.297755}
13	VH AND N	{0.206588, 0.149312, 0.246661, 0.397439}
14	VH AND M	{0.145951, 0.180765, 0.106762, 0.566522}
15	VH AND H	{0.468404, 0.268239, 0.092345, 0.171013}
16	VH AND VH	{0.034978, 0.051346, 0.118371, 0.795306}

　　航空发动机气路系统健康状态预测结果对比如图 6-12 所示。由于不考虑工况变化的航空发动机气路系统健康状态预测模型对健康状态特征量设定的参考值范围相同，相较于考虑工况变化的航空发动机气路系统健康状态预测模型预测精度较差。

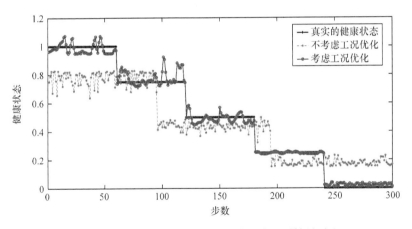

图 6-12　航空发动机气路系统健康状态预测结果对比

　　不同健康状态预测模型预测结果的均方根误差如表 6-14 所示。由此可知，考虑工况变化的航空发动机气路系统健康状态预测模型具有更高的精度。

表 6-14　不同健康状态预测模型预测结果的均方根误差

预测模型	不考虑工况变化	考虑工况变化
均方根误差	3.9113	2.5221

6.3　本　章　小　结

　　本章提出一种考虑工况变化的复杂机电系统健康状态预测模型，并以航空发动机气路系统为例进行分析，利用 NASA 公开数据集进行仿真验证。考虑工况变化的健康状态预测为一类复杂机电气路提供了更为接近实际的建模思路。

第 7 章　总结与展望

本书基于半定量信息，对一类具有小样本特征的复杂机电系统健康状态评估及预测方法展开系列研究。

(1) 针对复杂机电系统健康状态评估问题，利用半定量信息提出并建立基于 BRB 的复杂机电系统健康状态评估模型，通过融合更为丰富的不确定信息，提供更加接近实际的知识表达方式，具有良好的评估准确性。

(2) 针对复杂机电系统健康状态预测问题，为了更好地反映复杂机电系统健康状态的动态变化过程，提出并建立基于双层 BRB 的复杂机电系统健康状态预测模型。

(3) 在实际工况下，针对由传感器的退化及环境噪声干扰导致的特征量监测数据可靠度低的问题，提出并建立考虑特征量监测误差的复杂机电系统健康预测模型。

(4) 针对工况复杂的复杂机电系统，单一工况条件下建立的健康状态预测模型不能满足变工况下健康状态的准确预测，为了提高在多工况切换下复杂机电系统健康状态预测模型的精度，提出一种考虑工况变化的复杂机电系统健康状态预测模型，建立基于时域特征分析与 BRB 的多工况健康状态预测模型，实现工况变化条件下对复杂机电系统健康状态的准确预测。

综上所述，本书所提出的复杂机电系统健康状态评估及预测方法具有一定的创新性。在总结上述研究成果的过程中，我们也清楚地认识到所做工作存在的不足。例如，对于表征复杂机电系统健康状态的特征量选取不足，在 BRB 的参数设置时，过于依赖专家知识。对于变工况的问题，本书也进行了初步探索，工况条件与健康状态的关系还需深入研究，相关理论依据还需进一步完善。

　　以上不足也为我们将来的研究提供了方向。在今后的工作中，我们将在已有研究成果的基础上，进一步深入研究本领域的相关问题，更加全面、系统地实现复杂机电系统健康状态的评估及预测。

参 考 文 献

[1] 钟掘, 陈先霖. 复杂机电系统耦合与解耦设计-现代机电系统设计理论的探讨. 中国机械工程, 1999, 10(9): 1051-1054.

[2] 屈梁生, 温广瑞. 复杂机电系统安全运行及保障//第十二届全国设备监测与诊断学术会议, 三亚, 2005:44-47.

[3] 于春雨. 复杂机电系统可靠性与维修性综合及预测方法研究. 哈尔滨: 哈尔滨理工大学, 2015.

[4] 国家自然科学基金委员会工程与材料科学部. 机械与制造科学. 北京: 科学出版社, 2006.

[5] 郭建英, 孙永全, 于春雨, 等. 复杂机电系统可靠性预测的若干理论与方法. 机械工程学报, 2014, 50(14): 1-13.

[6] 王国彪, 何正嘉, 陈雪峰, 等. 机械故障诊断基础研究"何去何从". 机械工程学报, 2013, 49(1): 63-72.

[7] 李鑫, 吕琛, 王自力, 等. 考虑退化模式动态转移的健康状态自适应预测. 自动化学报, 2014, 40(9): 1889-1895.

[8] 雷亚国, 贾峰, 孔德同, 等. 大数据下机械智能故障诊断的机遇与挑战. 机械工程学报, 2018, 54(5): 94-104.

[9] Siegel D. Prognostics and health assessment of a multi-regime system using a residual clustering health monitoring approach. Cincinnati: University of Cincinnati, 2013.

[10] 孙博, 康锐, 谢劲松. 故障预测与健康管理系统研究和应用现状综述. 系统工程与电子技术, 2007, 29(10): 1762-1767.

[11] Smith G, Schroeder J B, Navarro S, et al. Development of a prognostics and health management capability for the Joint Strike Fighter//IEEE Autotestcon Proceedings, Anaheim,1997: 676-682.

[12] Ferrel B. JSF prognostics and health management//Proceedings of Aerospace Conference, New York, 1999: 471.

[13] 彭颖. 基于退化隐式半马尔可夫模型的设备健康预测及系统性维护策略研究. 上海: 上海交通大学, 2011.

[14] 孙锴. 基于系统图谱的复杂机电系统状态分析方法. 西安: 西北工业大学出版社, 2016.

[15] Kalman R E. A new approach to linear filtering and prediction problems. Journal of Basic Engineering Transactions, 1960, 82(1): 35-45.

[16] Song T L, Speyer J L. A stochastic analysis of a modified gain extended Kalman filter with applications to estimation with bearings only measurements//The 22nd IEEE Conference on Decision and Control, San Antonio, 1983: 1291-1296.

[17] Ljung L. Asymptotic behavior of the extended Kalman filter as a parameter estimator for linear systems. IEEE Transactions on Automatic Control, 2003, 24(1): 36-50.

[18] Sen S, Crinière A, Mevel L, et al. Estimation of time varying system parameters from ambient

response using improved Particle-Kalman filter with correlated noise//EGU General Assembly Conference, Vienna, 2017: 19.

[19] Wang S, Fernandez C, Shang L, et al. Online state of charge estimation for the aerial lithium-ion battery packs based on the improved extended Kalman filter method. Journal of Energy Storage, 2017(2), 9: 69-83.

[20] Yin Z, Li G, Sun X, et al. A speed estimation method for induction motors based on strong tracking extended Kalman filter//2016 IEEE 8th International Power Electronics and Motion Control Conference, Hefei, 2016: 798-802.

[21] 孙国强, 黄蔓云, 卫志农, 等. 基于无迹变换强跟踪滤波的发电机动态状态估计. 中国电机工程学报, 2016, 36(3): 615-623.

[22] 鲁峰, 黄金泉. 涡扇发动机气路健康的简约卡尔曼滤波估计. 控制理论与应用, 2012, 29(12): 1543-1550.

[23] 陈福立. 基于信息融合的复杂系统健康管理研究. 南京: 南京航空航天大学, 2012.

[24] Abdelrahem M, Hackl C, Kennel R. Application of extended Kalman filter to parameter estimation of doubly-fed induction generators in variable-speed wind turbine systems//IEEE International Conference on Clean Electrical Power, Atlanta, 2015: 226-233.

[25] Rahimi A, Kumar K D, Alighanbari H. Fault estimation of satellite reaction wheels using covariance based adaptive unscented Kalman filter. Acta Astronautica, 2017, 134(5): 159-169.

[26] Tran N T, Khan A B, Choi W. State of charge and state of health estimation of AGM VRLA batteries by employing a dual extended Kalman filter and an ARX model for online parameter estimation. Energies, 2017, 10(1): 137.

[27] 李洪阳, 何潇. 基于 SCKF 方法的非线性随机动态系统故障诊断方法. 山东大学学报(工学版), 2017, 47(5): 130-135.

[28] 陈煜, 鞠红飞, 鲁峰, 等. 涡喷发动机健康状态的带约束非线性滤波估计. 推进技术, 2016, 37(4): 741-748.

[29] 周东华, 席裕庚. 一种带多重次优渐消因子的扩展卡尔曼滤波器. 自动化学报, 1991, 17(6): 689-695.

[30] 文成林, 周东华. 基于强跟踪滤波器的多传感器非线性动态系统状态容错融合估计. 电子学报, 2002, 30(11): 162-166.

[31] Hu G, Gao S, Zhong Y, et al. Modified strong tracking unscented Kalman filter for nonlinear state estimation with process model uncertainty. International Journal of Adaptive Control & Signal Processing, 2015, 29(12): 1561-1577.

[32] Xia B, Wang H, Wang M, et al. A new method for state of charge estimation of lithium-ion battery based on strong tracking cubature Kalman filter. Energies, 2015, 8(12): 13458-13472.

[33] 李雄杰, 周东华. 基于强跟踪滤波器的火电机组故障实时诊断. 西北大学学报(自然科学版), 2007, 37(3): 371-375.

[34] 吴奕, 朱海兵, 周志成, 等. 基于熵权模糊物元和主成分分析法的变压器状态评价. 电力系统保护与控制, 2015, (17): 1-7.

[35] 彭开香, 马亮, 张凯. 复杂工业过程质量相关的故障检测与诊断技术综述. 自动化学报, 2017, 43(3): 349-365.

[36] 曹玉苹, 田学民. 基于典型变量分析状态残差的故障检测方法. 控制工程, 2007, (s3): 74-76.

[37] 刘美芳, 余建波, 尹纪庭. 基于贝叶斯推论和自组织映射的轴承性能退化评估方法. 计算机集成制造系统, 2012, 18(10): 2237-2244.

[38] Cortes C, Vapnik V. Support-vector networks. Machine Learning, 1995, 20: 273-297.

[39] Bahl L, Brown P F, de Souza P V, et al. Maximum mutual information estimation of hidden Markov model parameters for speech recognition//IEEE International Conference on Acoustics, Speech, and Signal Processing, Tokyo, 1986: 49-52.

[40] Kong D, Chen Y, Li N. Hidden semi-Markov model-based method for tool wear estimation in milling process. International Journal of Advanced Manufacturing Technology, 2017, (2): 1-11.

[41] Giantomassi A, Ferracuti F, Benini A, et al. Hidden Markov model for health estimation and prognosis of turbofan engines//ASME 2011 International Design Engineering Technical Conferences & Computers and Information in Engineering Conference, Washington D. C., 2011: 1-10.

[42] 牛建钊, 耿俊豹, 魏曙寰, 等. 指标融合和隐马尔可夫模型的舰船装备技术状态评估. 火力与指挥控制, 2016, 41(11): 85-89.

[43] 刘韬. 基于隐马尔可夫模型与信息融合的设备故障诊断与性能退化评估研究. 上海:上海交通大学, 2013.

[44] Sun Z, Sun Y. Fuzzy support vector machine for regression estimation//IEEE International Conference on Systems, Man and Cybernetics, Washington D. C., 2003: 3336-3341.

[45] 鲁峰, 黄金泉, 仇小杰, 等. 基于信息熵融合提取特征的发动机气路分析. 仪器仪表学报, 2012, 33(1): 13-19.

[46] 崔建国, 严雪, 蒲雪萍, 等. 基于动态 PCA 与改进 SVM 的航空发动机故障诊断. 振动、测试与诊断, 2015, 35(1): 94-99.

[47] You G, Park S, Oh D. Real-time state-of-health estimation for electric vehicle batteries: A data-driven approach. Applied Energy, 2016, 176: 92-103.

[48] Yang D, Wang Y, Pan R, et al. A neural network based state-of-health estimation of lithium-ion battery in electric vehicles. Energy Procedia, 2017, 105: 2059-2064.

[49] Zhou J, He Z, Gao M, et al. Battery state of health estimation using the generalized regression neural network//The 8th International Congress on Image and Signal Processing, Shengyang, 2016: 1396-1400.

[50] 刘文军, 张杰. 一种基于 BP 神经网络的状态评估模型. 现代计算机, 2017, (4): 7-11.

[51] 唐友福, 刘树林, 刘颖慧, 等. 基于非线性复杂测度的往复压缩机故障诊断. 机械工程学报, 2012, 48(3): 102-107.

[52] 赵师, 屈洋. 基于 Delphi-BP 神经网络的装备保障能力评估. 火力与指挥控制, 2017, 42(2): 130-133.

[53] 吴茂兴, 曾庆华, 陈龙志. 神经网络及回归型支持向量融合健康评估模型. 航空兵器, 2013, (6):43-48.

[54] Han T, Jiang D, Zhao Q, et al. Comparison of random forest, artificial neural networks and support vector machine for intelligent diagnosis of rotating machinery. Transactions of the

Institute of Measurement and Control, 2017, 40(8): 2681-2693.

[55] Abid A, Khan M T, Ullah A, et al. Real time health monitoring of industrial machine using multiclass support vector machine//The 2nd International Conference on Control and Robotics Engineering, Bangkok, 2017: 77-81.

[56] Khoualdia T, Hadjadj A E, Bouacha K, et al. Multi-objective optimization of ANN fault diagnosis model for rotating machinery using grey rational analysis in Taguchi method. The International Journal of Advanced Manufacturing Technology, 2017, 89(9-12): 3009-3020.

[57] 李海新. 公路隧道机电系统技术状况评价研究. 西安: 长安大学, 2015.

[58] 马刚, 杜宇鸽, 杨熙, 等. 复杂系统风险评估专家系统. 清华大学学报(自然科学版), 2016, (1): 66-76.

[59] 王微. 基于信息熵法的数控机床贝叶斯可靠性评估方法研究. 长春: 吉林大学, 2013.

[60] 梁光夏. 基于改进模糊故障 Petri 网的复杂机电系统故障状态评价与诊断技术研究. 南京: 南京理工大学, 2014.

[61] 汪惠芬, 梁光夏, 刘庭煜, 等. 基于改进模糊故障 Petri 网的复杂系统故障诊断与状态评价. 计算机集成制造系统, 2013, 19(12): 3049-3061.

[62] 曾庆虎. 机械传动系统关键零部件故障预测技术研究. 长沙: 国防科学技术大学, 2010.

[63] 徐微, 胡伟明, 孙鹏. 基于两参数威布尔分布的设备可靠性预测研究. 中国工程机械学报, 2013, 11(2): 112-116.

[64] 杜占龙, 李小民, 郑宗贵, 等. 强跟踪平方根容积卡尔曼滤波和自回归模型融合的故障预测. 控制理论与应用, 2014, 31(8): 1047-1052.

[65] 张伟, 杜党波, 胡昌华, 等. 基于小波-强跟踪滤波的陀螺漂移在线预测. 振动、测试与诊断, 2015, 35(1): 82-87.

[66] 杜党波, 张伟, 胡昌华, 等. 含缺失数据的小波-卡尔曼滤波故障预测方法. 自动化学报, 2014, 40(10): 2115-2125.

[67] 赵劲松, 张星辉, 贺宇, 等. 基于加窗线性卡尔曼滤波模型的设备剩余使用寿命预测方法. 装甲兵工程学院学报, 2014, 28(2): 26-30.

[68] 陶金伟, 黄一桓, 鲁峰, 等. 基于融合 EKF 的航空发动机气路性能健康预测. 测控技术, 2017, 36(7): 133-137.

[69] Sun J Z, Zuo H F, Liu P P, et al. A method of condition monitoring and on-wing life prediction for civil aviation aircraft engine based on dynamic linear model. Systems Engineering. Theory & Practice, 2013, 33(12): 3243-3250.

[70] 林国语, 贾云献, 孙磊. 基于无迹卡尔曼滤波的直升机主减速器剩余安全寿命预测. 机械传动, 2014, 38(5): 98-101.

[71] 胡昌华, 施权, 司小胜, 等. 数据驱动的寿命预测和健康管理技术研究进展. 信息与控制, 2017, 46(1): 72-82.

[72] Khelif R, Chebel-Morello B, Malinowski S, et al. Direct remaining useful life estimation based on support vector regression. IEEE Transactions on Industrial Electronics, 2017, 64(3): 2276-2285.

[73] Saidi L, Ali J B, Bechhoefer E, et al. Wind turbine high-speed shaft bearings health prognosis through a spectral Kurtosis-derived indices and SVR. Applied Acoustics, 2017, 120(5): 1-8.

[74] 陈雪峰, 罗腾蛟, 辛伟, 等. 航空发动机转子剩余寿命的多变量支持向量机预测方法: 中国, CN103217280A, 2013.

[75] Guo L, Li N, Jia F, et al. A recurrent neural network based health indicator for remaining useful life prediction of bearings. Neurocomputing, 2017, 240: 98-109.

[76] Mosallam A, Medjaher K, Zerhouni N. Data-driven prognostic method based on Bayesian approaches for direct remaining useful life prediction. Journal of Intelligent Manufacturing, 2016, 27(5): 1037-1048.

[77] 钟诗胜, 雷达. 一种可用于航空发动机健康状态预测的动态集成极端学习机模型. 航空动力学报, 2014, 29(9): 2085-2090.

[78] Wang Y, Peng Y, Zi Y, et al. A two-stage data-driven-based prognostic approach for bearing degradation problem. IEEE Transactions on Industrial Informatics, 2016, 12(3): 924-932.

[79] 朱帅军. 高铁动车组故障预测与健康管理关键技术的研究. 北京: 北京交通大学, 2016.

[80] Fort A, Mugnaini M, Vignoli V. Hidden Markov models approach used for life parameters estimations. Reliability Engineering & System Safety, 2015, 136(4): 85-91.

[81] 瞿红春, 刘杰, 甘晓燕. 基于信息熵-模糊理论的航空发动机性能评估. 中国民航大学学报, 2009, 27(2): 23-25.

[82] 丁明军, 宋丹. 基于神经网络的数控机床故障诊断专家系统. 机电工程, 2007, 24(5): 92-94.

[83] 卿立勇. 基于飞行数据的飞机故障预测与故障诊断系统研究. 南京: 南京航空航天大学, 2007.

[84] Sun J, Zuo H, Liang K. Remaining useful life estimation method for the turbine blade of a civil aircraft engine based on the QAR and field failure data. Journal of Mechanical Engineering, 2015, 51(23): 53-59.

[85] Liu Z, Zuo M J, Qin Y. Remaining useful life prediction of rolling element bearings based on health state assessment. Journal of Mechanical Engineering Science, 2015, 230(2): 1989-1996.

[86] Gang X, Zhang H, Li H, et al. The research of electronics equipment online failure prediction based on gray theory and expert system. Aerospace Control, 2013, 31(4): 88-91.

[87] Xie G J, Van S Q, Tang Z Y, et al. A PHM system for AEW radar based on AOPS-LSSVM prognostic algorithm and expert knowledge database//2010 Prognostics and System Health Management Conference, Macao, 2010: 1-6.

[88] Zi Z D, Dong W W, Mei D C. A model of aeroengine reliability prediction based on fuzzy number. Journal of Aerospace Power, 2004, 19(3): 320-325.

[89] Yang J B, Liu J, Wang J, et al. Belief rule-base inference methodology using the evidential reasoning approach-RIMER. IEEE Transactions System Man Cybernetics Part A: System Humans, 2006, 36(2): 266-285.

[90] Zhou Z J, Hu C H, Wang W B, et al. Condition-based maintenance of dynamic systems using online failure prognosis and belief rule base. Expert Systems with Applications, 2012, 39(6): 6140-6149.

[91] Zhou Z J, Hu C H, Yang J B, et al. New model for system behavior prediction based on belief-rule-based systems. Information Sciences, 2010, 180(24): 4843-4864.

[92] Zhang B C, Han X X, Zhou Z J, et al. Construction of a new BRB based for time series

forecasting. Applied Soft Computing, 2013, 13(12): 4548-4556.

[93] Si X S, Hu C H, Yang J B, et al. A new prediction model based on belief rule base for system, behaviour prediction. IEEE Transactions on Fuzzy Systems, 2011, 19(4): 636-651.

[94] Zhou Z J, Hu G Y, Zhang B C, et al. A model for hidden behavior prediction of complex systems based on belief rule base and power set. IEEE Transactions on Systems, Man, and Cybernetics: Systems, 2017, 48(9): 1649-1655.

[95] 周志杰, 陈玉旺, 胡昌华, 等. 证据推理、置信规则库与复杂系统建模. 北京: 科学出版社, 2017.

[96] Yang J B, Singh M G. An evidential reasoning approach for multiple-attribute decision making with uncertainty. IEEE Transactions on Systems Man & Cybernetics, 1994, 24(1): 1-18.

[97] Chang L L, Zhou Z J, Chen Y W, et al. Belief rule base structure and parameter joint optimization under disjunctive assumption for nonlinear complex system modeling. IEEE Transactions on Systems Man & Cybernetics Systems, 2017, (99): 1-13.

[98] Chang L, Ma X, Wang L, et al. Comparative analysis on the conjunctive and disjunctive assumptions for the belief rule base//International Conference on Cyber-Enabled Distributed Computing and Knowledge Discovery, Chengdu, 2017: 153-156.

[99] Abudahab K, Xu D L, Chen Y W. A new belief rule base knowledge representation scheme and inference methodology using the evidential reasoning rule for evidence combination. Expert Systems with Applications, 2016, 51(C): 218-230.

[100] Wu B, Huang J, Gao W, et al. Rule reduction in air combat belief rule base based on fuzzy-rough set//International Conference on Information Science and Control Engineering, Beijing, 2016: 593-596.

[101] Yang L H, Wang Y M, Lan Y X, et al. A data envelopment analysis (DEA)-based method for rule reduction in extended belief-rule-based systems. Knowledge-Based Systems, 2017, 123(5): 174-187.

[102] Li G, Zhou Z, Hu C, et al. A new safety assessment model for complex system based on the conditional generalized minimum variance and the belief rule base. Safety Science, 2017, 93: 108-120.

[103] Karim R, Andersson K, Hossain M S, et al. A belief rule based expert system to assess clinical bronchopneumonia suspicion//Future Technologies Conference, San Francisco, 2016: 655-660.

[104] Bazarhanova A, Kor A L, Pattinson C. A belief rule-based environmental responsibility assessment system for small and medium-sized enterprises//Future Technologies Conference, San Francisco, 2016: 637-643.

[105] Zhang J, Yan X, Zhang D, et al. Safety management performance assessment for maritime safety administration(MSA)by using generalized belief rule base methodology. Safety Science, 2014, 63(4): 157-167.

[106] Hossain M S, Rahaman S, Kor A L, et al. A belief rule based expert system for datacenter PUE prediction under uncertainty. IEEE Transactions on Sustainable Computing, 2017, 2(2): 140-153.

[107] Hu G Y, Qiao P L. Cloud belief rule base model for network security situation prediction. IEEE

Communications Letters, 2016, 20(5): 914-917.

[108] 周志杰. 置信规则库在线建模方法与故障预测. 西安: 第二炮兵工程大学, 2010.

[109] Storn R, Price K. Differential evolution-a simple and efficient heuristic for global optimization over continuous spaces. Journal of Global Optimization, 1997, 11(4): 341-359.

[110] Hu K, Liu Z, Huang K, et al. Improved differential evolution algorithm of model-based diagnosis in traction substation fault diagnosis of high-speed railway. IET Electrical Systems in Transportation, 2016, 6(3): 163-169.

[111] Ho H V, Nguyen T T, Vo D T, et al. An adaptive elitist differential evolution for optimization of truss structures with discrete design variables. Computers and Structures, 2016, 165(C): 59-75.

[112] Basu M. Quasi-oppositional differential evolution for optimal reactive power dispatch. International Journal of Electrical Power and Energy Systems, 2016, 78(6): 29-40.

[113] Chang L L, Zhou Z J, Chen Y W, et al. Belief rule base structure and parameter joint optimization under disjunctive assumption for nonlinear complex system modeling. IEEE Transactions on Systems Man and Cybernetics Systems, 2017, (99): 1-13.

[114] 陈晶. 航空发动机气路故障诊断系统设计与研究. 长春工业大学, 2017.

[115] 陈果, 李爱. 航空器检测与诊断技术导论. 北京: 航空工业出版社, 2012.

[116] 雷达. 基于智能学习模型的民航发动机健康状态预测研究. 哈尔滨: 哈尔滨工业大学, 2013.

[117] Hansen N, Kern S. Evaluating the CMA evolution strategy on multimodal test functions// Parallel Problem Solving from Nature-PPSN VIII, 8th International Conference, Birmingham, 2004:282-291.

[118] Auger A, Hansen N. A restart CMA evolution strategy with increasing population size// Proceedings of the IEEE Congress on Evolutionary Computation, Edinburgh, 2005: 1769-1776.

[119] Hansen N. Benchmarking a BI-Population CMA-ES on the BBOB-2009 function test// Proceedings of the GECCO Genetic and Evolutionary Computation Conference, Montréal, 2009: 2389-2395.

[120] 胡冠宇. 基于置信规则库的网络安全态势感知技术研究. 哈尔滨: 哈尔滨理工大学, 2016.

[121] 刘应吉. 车辆状态监测与故障诊断新方法研究. 沈阳: 东北大学, 2008.

[122] Wang X, Li G, You B. Debris flow hazard assessment based on Monte Carlo simulation// International Conference on Multimedia Technology, Hangzhou, 2011: 3912-3915.

[123] Xu X B, Zheng J, Xu D L, et al. Information fusion method for fault diagnosis based on evidential reasoning rule. Journal of Control Theory and Applications, 2015, 32(9): 1170-1182.

[124] 孙兆伟. 基于现代信号处理的结构模态参数识别与损伤识别研究. 北京: 北京邮电大学, 2012.